El VIH y el sida

Un viaje de esperanza y resiliencia

Sonia de Castro y María José Camarasa

 CSIC

© Sonia de Castro y María José Camarasa, 2024
© CSIC, 2024
   http://editorial.csic.es
   publ@csic.es
© Los Libros de la Catarata, 2024
   Fuencarral, 70
   28004 Madrid
   Tel. 91 532 20 77
   www.catarata.org

ISBN (CSIC): 978-84-00-11294-3
ISBN ELECTRÓNICO (CSIC): 978-84-00-11295-0
ISBN (CATARATA): 978-84-1067-043-3
ISBN ELECTRÓNICO (CATARATA): 978-84-1067-044-0
NIPO: 155-24-140-0
NIPO ELECTRÓNICO: 155-24-141-6
DEPÓSITO LEGAL: M-13934-2024
THEMA: PDZ/MJCJ2

Dedicado a la memoria de Sonsoles Velázquez, una gran científica y mejor persona.

Índice

Un poco de historia

El sida (síndrome de inmunodeficiencia adquirida) es una de las grandes pandemias que ha sufrido la humanidad y que continúa presente entre nosotros. Desde que se inició, allá por el año 1982, se estima que ha habido unos 84 millones de infectados y más de 40 millones de muertes relacionadas con ella en todo el mundo. El sida representa el estadio final de la infección por el virus de inmunodeficiencia humana o VIH (agente etiológico del sida). Este virus ataca a las células del sistema inmunitario, destruyéndolas; concretamente, infecta los linfocitos T4 (responsables de la respuesta inmune), debilitando así el sistema inmunitario. Al disminuir los linfocitos T4 a medida que la infección por el VIH avanza, el paciente queda a merced de numerosas infecciones oportunistas, tales como aquellas causadas por diversos patógenos o algunos tipos de cáncer como el sarcoma de Kaposi, que pueden llegar a ser mortales. El sida se manifiesta cuando un número suficiente de células T4 mueren. En otras palabras, el virus no acaba con la vida de una persona, sino que la deja en un estado de indefensión tan profunda que enfermedades que podría combatir fácilmente una persona sana resultan mortales para los pacientes infectados.

Gracias a los avances en el conocimiento sobre el VIH de los últimos 40 años y a los nuevos tratamientos disponibles, hoy en día se puede considerar el sida como una enfermedad crónica. Los pacientes infectados por el VIH pueden tener una esperanza de vida muy similar a la de las personas sanas. Hay que recalcar las palabras *enfermedad crónica*: a día de hoy no existe aún cura para esta enfermedad y aunque los tratamientos actuales permiten vivir con ella, manteniendo la carga viral en niveles prácticamente indetectables, no eliminan el virus, por lo que es imprescindible mantener el tratamiento con fármacos de por vida. Este hecho implica que los pacientes con VIH experimenten un proceso de envejecimiento acelerado. Además, los fármacos disponibles presentan efectos secundarios y, lo que es peor, pueden dejar de actuar en algún momento. Por todo ello, es imprescindible un seguimiento constante por parte de los médicos y llevar a cabo una modificación del tratamiento si fuese necesario, así como continuar con las investigaciones en este campo para conseguir tratamientos más efectivos y seguros que puedan conducir a la cura definitiva.

Los problemas actuales con el sida no son nada comparados con los que experimentaron los primeros pacientes. A principios de los años ochenta del siglo pasado, el sida irrumpió como una enfermedad aterradora que provocaba la muerte del paciente a corto plazo, y la comunidad médica y científica no encontraba ninguna herramienta para evitarlo. Un diagnóstico de sida significaba una muerte segura.

Los primeros años

En junio de 1981, médicos de Los Ángeles reportaron cinco casos en miembros de la comunidad homosexual que padecían una enfermedad poco frecuente, un raro tipo de neumonía causada por el hongo *Pneumocystis carinii*. Este tipo de neumonía solo se había registrado como enfermedad oportunista en enfermos fuertemente inmunodeprimidos, es decir, en pacientes cuyas defensas habían sufrido un deterioro significativo, y era tan anómala que en los 12 años anteriores solo se habían registrado dos casos de la misma. Al mismo tiempo, los Centros para el Control y la Prevención de Enfermedades de Estados Unidos (CDC) describían asimismo un aumento considerable de casos de sarcoma de Kaposi tanto en California como en Nueva York.

El sarcoma de Kaposi es un tipo raro de cáncer causado por la infección con el virus del herpes humano 8 (VHH8) y, al igual que en el caso de la *P. carinii*, raramente se desarrolla en una persona joven y sana. La evolución clínica de estos pacientes fue muy rápida y en uno o dos años fallecieron. Los CDC designaron a esta inmunodeficiencia relacionada con los homosexuales como GRID (*gay-related immunodeficiency*). El control epidemiológico más riguroso sobre enfermedades "extrañas" llevó a que en los meses siguientes se detectaran otros procesos infrecuentes tales como encefalitis por *Toxoplasma gondii* o diarreas producidas por *Isospora belli*. También se observó un aumento entre pacientes jóvenes de enfermedades conocidas como infecciones virales por herpes zóster o por citomegalovirus.

Todas estas enfermedades tienen algo en común: están relacionadas con una disminución de las defensas, por lo que en el verano de 1982, los CDC optaron por designar esta nueva patología como síndrome de inmunodeficiencia adquirida (SIDA), que definieron como "una enfermedad, al menos moderadamente predictiva de un defecto en la inmunidad mediada por células, que ocurre en una persona sin causa conocida para la disminución de la resistencia a esa enfermedad"[1].

Poco a poco se fueron publicando distintos informes sobre pacientes con enfermedades "inusuales" no solo en Estados Unidos, sino también en otros países. Solo en Estados Unidos, en 1981 se registraron 514 casos, alrededor de 20 000 nuevas infecciones en 1982 y un número que ascendió a 130 000 en los años 1984 y 1985.

En estos primeros años, el sida era más común en homosexuales, lo que hizo que se estigmatizara la enfermedad y

---

1. En https://lc.cx/o7O9eO.

aparecieran los prejuicios relacionados con ella, e incluso se llegó a penar lo que consideraban que era una enfermedad relacionada con "su estilo de vida", como por ejemplo sus múltiples parejas sexuales. Esta visión simplista cambió rápidamente cuando otros colectivos como personas hemofílicas y drogodependientes por vía intravenosa comenzaron a mostrar altas incidencias de esta nueva enfermedad.

La hemofilia es un trastorno genético hereditario que consiste en unos bajos niveles de dos factores de coagulación (VIII y IX), lo que puede ocasionar hemorragias de distinta gravedad. Para evitar estos problemas, es necesario reponer el factor de coagulación que presenta niveles bajos mediante concentrados que se obtenían del plasma sanguíneo de donantes sanos. En el caso de los drogodependientes, el intercambio de jeringuillas usadas era una práctica habitual. Ese mismo año, los CDC describieron el caso de un bebé con síntomas compatibles con el sida. El pequeño había recibido múltiples transfusiones tras su nacimiento y cuando se rastreó el donante de sangre se comprobó que había fallecido de sida unos meses antes.

Las evidencias mostraron que el sida era una enfermedad infecciosa que se transmitía por el intercambio de fluidos corporales infectados, así como por la exposición a sangre o productos sanguíneos contaminados. En el caso de los hemofílicos, para preparar los concentrados de factores de coagulación, la sangre de los donantes tiene que pasar por distintos procesos de filtración y purificación, así que el hecho de que este conjunto de población se hubiera contagiado indicaba que el agente patógeno era lo suficientemente pequeño como para atravesar todas estas barreras, lo que hacía sospechar que debía de tratarse de un virus.

En enero de 1983 se sumó otro grupo de infectados a los anteriores: mujeres con parejas masculinas bisexuales y que no estaban relacionadas con el consumo de drogas intravenosas ni habían recibido transfusiones sanguíneas. Fueron los primeros casos de transmisión heterosexual informados. En la actualidad, la transmisión heterosexual es la segunda causa más frecuente de contagio.

Con la incorporación de las mujeres a los grupos afectados por el sida surge una nueva amenaza: la transmisión de la madre a los hijos nonatos, conocida como transmisión vertical. En 1985 ya se había informado de 217 casos en Estados Unidos de niños menores de 13 años con sida, de los cuales el 60% había fallecido. Con el fin de evitar estas infecciones en los menores, el 6 de diciembre de ese mismo año, los CDC recomendaron a las mujeres infectadas retrasar el embarazo hasta que se conociera más sobre la transmisión perinatal del virus.

La identificación del virus

La transmisión de la enfermedad mediante transfusiones sanguíneas supuso un grave problema para los bancos de sangre. Los test de la época no eran capaces de detectar el virus en las muestras, dado que aún no se había identificado el mismo. Alrededor de 15 000 hemofílicos en Estados Unidos fueron transfundidos con sangre contaminada entre los años 1981 y 1984. Tampoco existía ningún tipo de tratamiento. Los médicos no eran capaces de luchar contra una enfermedad que llevaba a los pacientes de una enfermedad oportunista a otra y que, casi sin excepción, terminaba con la muerte en solo uno o dos años. Por todo ello, era de vital importancia identificar el virus causante del sida, desarrollar test capaces de detectarlo rápidamente, así como disponer de tratamientos apropiados para curar a los pacientes.

La identificación del virus causante del sida fue uno de los mayores retos científicos del siglo XX, en el que contribuyeron, en gran medida, las investigaciones previas del doctor Robert Gallo (National Cancer Institute, Estados Unidos) en otros virus. En 1980, Gallo llevaba una década investigando la forma de detectar una nueva clase de virus denominada retrovirus; descubrió el primer retrovirus humano en la década de los setenta. Estos virus tienen como material genético ARN en lugar de ADN y cuentan con una enzima, la transcriptasa inversa, capaz de transformar este ARN (que contiene la información genética) en ADN durante el proceso de replicación. Es decir, en lugar de partir de ADN y transformarse en ARN, estos virus parten de ARN para generar ADN, la información genética fluye en dirección inversa a la habitual. Eran virus conocidos en animales, pero nunca se habían registrado infecciones en humanos.

Gallo cambió este paradigma al identificar los dos primeros retrovirus que afectaban a humanos: el HTLV-I, que provocaba leucemia aguda de células T, y el HTLV-II, aislado de una leucemia de células peludas. Al igual que los virus HTLV-I y II, el virus causante del sida se transmitía a través de los fluidos corporales y afectaba a los linfocitos T, lo que le llevó a la hipótesis de que dicho virus podría tratarse de un nuevo retrovirus. Con estos antecedentes, el doctor Gallo y su equipo se centraron en la identificación de este nuevo retrovirus.

Asimismo, el equipo del doctor Luc Montagnier y la doctora Françoise Barré-Sinoussi, del Instituto Pasteur (Francia), inició la búsqueda del virus del sida. En 1983, Montagnier y su equipo describen el aislamiento de un nuevo virus en los linfocitos de los ganglios linfáticos en un paciente homosexual francés con una linfadenopatía hiperplásica generalizada y que denominó LAV (virus asociado a la linfadenopatía) y al que atribuyó ser el responsable del sida. Sin embargo, la comunidad científica internacional no reconoció la relación causa-efecto, dado que no existía un método lo suficientemente sensible y fiable como para identificar este virus en pacientes con sida. Solo un 40% de dichos pacientes mostraban la presencia de LAV.

Un año más tarde, y siguiendo una metodología diferente a la de Montagnier y Barré-Sinoussi, Gallo describió la identificación de un nuevo virus en enfermos de sida, que denominó HTLV-III. Meses después se concluyó que los virus identificados en ambos laboratorios (Montagnier y Gallo) eran el mismo virus. Es importante destacar que Gallo tuvo una contaminación en su laboratorio con el virus que le enviaron desde el Instituto Pasteur por lo que la secuencia viral que publicó fue en realidad la de los franceses. Lo cierto es que el VIH fue aislado en el Instituto Pasteur en 1983, un año antes de que Gallo lo publicara, y esto fue ampliamente reconocido por la comunidad científica. En 1984, tanto el doctor Gallo como el doctor Jay Levy publican de manera independiente el aislamiento del virus.

En el año 1986 se propuso el nombre de virus de inmunodeficiencia humana (VIH), nombre que fue aceptado por la Organización Mundial de la Salud. Al año siguiente, el presidente americano Ronald Reagan y el primer ministro francés Jacques Chirac proclamaron a los doctores Gallo y Montaigner como codescubridores del VIH y acordaron compartir las regalías del descubrimiento entre los dos países. En el año 2008, los doctores Montagnier y Barré-Sinoussi recibieron el Premio Nobel de Fisiología o Medicina por sus investigaciones y el descubrimiento del VIH. Sorprendentemente, Gallo no fue reconocido también con dicho premio; el propio Montaigner manifestó sentirse "sorprendido" y apenado por él. Según sus palabras, "fue muy importante demostrar que el VIH era el causante del sida y Gallo jugó un papel crucial en ello".

El primer test diagnóstico

La identificación del VIH como el agente etiológico del sida permitió el desarrollo de test diagnósticos y de fármacos específicos dirigidos a inhibir la replicación viral. En marzo de 1985 se creó el primer test, basado en la detección de anticuerpos, que permitía la identificación del virus en una muestra. Cuando un virus infecta un organismo, el sistema inmunitario produce unas proteínas únicas para combatir dicho virus, denominadas anticuerpos. Estos pueden permanecer en el organismo meses después de que el virus haya desparecido del mismo. Por ejemplo, se ha estimado que los anticuerpos generados tras la infección por COVID-19 permanecen en el organismo hasta siete u ocho meses tras la infección.

Un test diagnóstico que detecte la presencia de anticuerpos puede dar positivo incluso después de finalizar la infección si la cantidad de anticuerpos en sangre es elevada, es decir, la prueba diagnóstica desarrollada en 1985 no tenía por qué suponer que la persona infectada desarrollara sida o que incluso en ese momento estuviera infectada por el virus. Además, esta prueba presentaba a menudo falsos positivos, lo cual podía suponer un grave problema como prueba diagnóstica para la detección del virus en pacientes. Por estas razones, la Administración de Alimentos y Medicamentos estadounidense (FDA) solo aprobó el uso de este test diagnóstico para el análisis de los bancos sangre y exigió añadir una etiqueta en el test que indicara "no es apropiado usar esta prueba como detección del sida o como detección para miembros de grupos con mayor riesgo de desarrollar sida en la población general. La presencia de anticuerpos HTLV III NO es un diagnóstico de sida". Esta prueba hizo que el riesgo de contraer el virus a través de una transfusión fuera mínimo y hoy día millones de personas reciben transfusiones de sangre de manera segura. El desarrollo de otros test diagnósticos más fiables no solo permitió detectar la presencia del virus en muestras sanguíneas, sino también identificar a personas asintomáticas infectadas por el VIH que aún no habían desarrollado la enfermedad y describir, por primera vez, el curso clínico de la enfermedad.

El sida se desarrolla tres etapas. En una primera, la fase de infección aguda, la persona infectada por el VIH (seropositiva) presenta síntomas similares a los de la gripe. En esta etapa el virus se reproduce rápidamente y destruye un tipo particular de glóbulos blancos del sistema inmune, los linfocitos T4 (que contienen el receptor CD4 en su superficie, actualmente denominados linfocitos CD4). El riesgo de transmisión durante la infección aguda es elevado debido a que la concentración del virus en sangre es muy alta. A continuación, el paciente pasa a una etapa de latencia clínica (infección crónica) en la que, a pesar de que el virus se sigue multiplicando en el organismo, lo hace a bajas concentraciones y el paciente puede que no muestre ningún síntoma relacionado con la enfermedad. Este periodo es largo y puede durar incluso más de diez años. En la tercera etapa, la persona infectada podría desarrollar sida, quedando a merced de infecciones oportunistas o incluso el cáncer. En esta etapa, el sistema inmunitario está seriamente comprometido, mostrando un número muy bajo de células CD4 debido a una mayor replicación viral. Una vez se desarrollan los primeros síntomas de sida, el paciente fallece en dos o tres años si no ha tenido acceso a ningún tipo de tratamiento.

El primer tratamiento

Al igual que ha ocurrido con la pandemia de COVID-19, el primer tratamiento frente al sida no fue diseñado específicamente para luchar contra esa enfermedad, sino que surgió de una inmensa campaña de evaluación de compuestos que ya existían y que se utilizaban para tratar otro tipo de enfermedades. Esta forma de proceder permite obtener resultados más rápidos y dar tiempo a los investigadores para desarrollar fármacos más específicos frente a una determinada enfermedad. En el caso del sida, el primer fármaco que estuvo a disposición de los pacientes fue la zidovudina o AZT.

El AZT fue preparado en 1960, muchos años antes del inicio de la pandemia, por el bioquímico Jerome P. Horwitz. El doctor Horwitz buscaba desarrollar un fármaco para combatir el cáncer; su idea era impedir la proliferación de las células cancerosas. Cuando un paciente sufre cáncer, estas células se replican incontroladamente y para ello tienen que crear cientos de copias de su ADN. Crear una nueva copia de ADN implica utilizar los cuatro pilares básicos de la vida denominados nucleósidos: adenosina, guanosina, citidina y timidina. La unión de estos nucleósidos en forma de monofosfato en una cadena de ADN contiene toda la información necesaria para la supervivencia de la célula.

Horwitz pensaba que si era capaz de engañar a la maquinaria celular para que utilizara un nucleósido modificado, podría obstaculizar la formación normal de nuevas moléculas de ADN e impedir la replicación celular descontrolada. Sin embargo, cuando prepararon y probaron compuestos con estas características en ratones con leucemia obtuvieron un rotundo fracaso, pues los compuestos no mostraron actividad anticancerosa. Con este resultado, los distintos derivados se guardaron en el laboratorio a la espera de que pudiera surgir otra diana terapéutica más apropiada para ellos.

Cuando se identificó el VIH como el virus responsable del sida, y ante la falta de un tratamiento efectivo, se llevó a cabo una campaña de ensayos masivos con multitud de antivirales, entre los que se incluyeron los derivados que se habían sintetizado para tratar de parar el crecimiento de células tumorales. De todos ellos surgió como posible candidato el AZT o zidovudina. Los ensayos mostraron que, en palabras del doctor Samuel Broder, quien dirigió el grupo de científicos que determinó la actividad antiviral del AZT, "inmediatamente nos dimos cuenta de que el AZT estaba activo [...] Inhibía el virus sin matar a las células".

El AZT funcionaba precisamente como se había diseñado. Como se ha comentado anteriormente, el VIH es un retrovirus, es decir, al contrario del resto de los seres vivos y otros virus, la información genética está guardada en forma de ARN y el primer paso que debe completar para replicarse es transformar esta información en ADN. En este punto, y como se había postulado para las células cancerosas, si durante este proceso es posible engañar a la maquinaria vírica para que utilice nucleósidos fraudulentos, la cadena de ADN puede parar su crecimiento impidiéndose así la multiplicación del virus (inhibiendo la replicación viral).

Para asegurarse de que el fármaco era seguro y podía detener la replicación del virus se llevaron a cabo ensayos clínicos. Este tipo de ensayos aseguran que un medicamento es efectivo frente a una enfermedad en un paciente y a la vez seguro. En la época en que se desarrolló el AZT se requerían de ocho a diez años para completar los ensayos clínicos de un fármaco, pero dada la urgencia y la necesidad de disponer de un tratamiento frente al sida, se aceleraron los estudios.

En un primer lugar, se estudió si el AZT era seguro, lo que se conoce como la fase 1 del ensayo clínico, que se desarrolla con voluntarios sanos no infectados. En dicho estudio se observó que el AZT presentaba ciertos efectos secundarios, algunos de ellos incluso serios (problemas intestinales graves, daño al sistema inmunitario, náuseas, vómitos y dolores de cabeza), pero dada la gravedad de la enfermedad y la falta de tratamientos, se consideró un fármaco relativamente seguro.

El segundo paso consistió en estudiar la eficacia del medicamento, lo que se conoce como fase 2 del ensayo clínico. Durante esta fase se selecciona un número de personas voluntarias que padecen la enfermedad. Los participantes en el estudio se dividen en dos grupos de manera aleatoria. A uno se le administra el medicamento que se está ensayando y al otro un placebo, es decir, una sustancia sin efecto terapéutico. El uso de placebos durante esta etapa de la investigación es muy importante para descartar el llamado efecto placebo, por el que un paciente que recibe un tratamiento que espera que funcione puede notar cierta mejoría, aunque dicho tratamiento no contenga ningún medicamento o principio activo. Se cree que este efecto es causado por la expectativa de que un tratamiento será efectivo, así como por otros factores psicológicos y emocionales. El efecto placebo se ha observado en muchos estudios clínicos y es necesario diferenciar sus efectos de aquellos debidos al verdadero fármaco para poder evaluar la eficacia del mismo.

En el caso que nos ocupa, una vez los investigadores vieron que el AZT era relativamente seguro, seleccionaron a 300 voluntarios a los que se les había diagnosticado sida y les administraron aleatoriamente el AZT y el placebo, en lo que se denomina ensayo doble ciego. El ensayo estaba programado para realizarse durante seis meses, pero después de solo seis semanas se observó una clara diferencia entre los dos grupos: en el grupo al que se le estaba suministrando AZT solo había fallecido una persona, pero en el grupo que tomaba el placebo (grupo control), incluso en este corto periodo de tiempo habían fallecido 19 pacientes. Estos datos llevaron a suspender el ensayo dado que no se consideró ético privar de un fármaco que podía salvar una vida a los pacientes del grupo control. Los resultados fueron anunciados como "un gran avance" y "la luz al final del túnel", y así, el 19 de marzo de 1987, la FDA aprobó el AZT como el primer medicamento frente al sida.

El paso de la monoterapia a la terapia triple

Pronto se observó que, si bien el AZT puede retrasar en un primer momento la progresión de la enfermedad, esta mejoría no se mantiene a largo plazo. Las personas que tomaban AZT comenzaron a mostrar niveles crecientes del virus en sangre, aunque este no era exactamente igual al original: el virus había mutado y ahora el fármaco ya no resultaba efectivo. Además, estaba el problema de los efectos secundarios, de los que ya hemos hablado, que podían llegar a ser muy graves.

La comunidad científica continuó trabajando para desarrollar nuevos antirretrovirales potentes, eficaces y con menores efectos secundarios que pudieran detener al virus. Pronto surgieron dos nuevos fármacos, la didanosina (ddI) y la zalcitabina (ddC), que se convirtieron en el segundo y el tercer medicamento aprobados por la FDA para el tratamiento del sida. Estos fármacos actuaban, igual que el AZT, impidiendo el crecimiento de las nuevas cadenas de ADN viral, es decir, actuaban como terminadores de cadena: pertenecen al grupo de los denominados inhibidores nucleosídicos de la transcriptasa inversa (INTI), como se comentará en los siguientes capítulos.

Los nuevos antirretrovirales no solo aumentaron el arsenal de fármacos disponible para el tratamiento de la infección en nuevas monoterapias, sino que también marcaron el inicio de nuevos ensayos clínicos que combinaban dos de los fármacos disponibles, en lo que se denominó terapia combinada, con el fin de encontrar nuevas terapias más eficaces y menos tóxicas en el tratamiento del sida. En 1992 se publicaron los primeros resultados del uso de dichas terapias combinadas y ese mismo año la FDA aprobó el uso de la combinación del AZT y la ddC para el tratamiento de pacientes con sida.

Hasta ese momento, los fármacos disponibles para el tratamiento del sida actuaban frente a una misma diana, la transcriptasa inversa (TI) del VIH. En 1995 surge así el primer fármaco frente al sida que actúa de manera diferente: el saquinavir. Este fármaco es un inhibidor competitivo de otra enzima vírica implicada en la replicación del VIH: la proteasa del virus (enzima que procesa las proteínas que van a constituir la nueva partícula viral). Se conoce como inhibidor competitivo a una sustancia que compite con el sustrato natural por el sitio de unión a la enzima, bloqueando dicha posición e impidiendo de este modo la unión del sustrato natural. Al bloquear la proteasa del virus, este no puede replicarse, evitando así la aparición de nuevas partículas virales en el paciente. Este tipo de fármacos se conoce como inhibidores de proteasa o IP.

Un año más tarde se sumó al arsenal terapéutico un nuevo tipo de inhibidores: los inhibidores de transcriptasa inversa no nucleosídicos (INNTI). A diferencia de los INTI, estos inhibidores no se unen al centro activo de la transcriptasa inversa, donde se produce la síntesis del ADN viral, sino que se unen a un sitio distinto de la enzima, un bolsillo alostérico, modificando su conformación de manera que se impide la unión del sustrato al centro catalítico o centro activo.

A medida que pasaba el tiempo, el arsenal de fármacos disponibles para el tratamiento del sida iba aumentando. Con el descubrimiento de los inhibidores de proteasa y la disponibilidad tanto de INTI como de INNTI, se disponía de distintas estrategias complementarias para tratar la infección por el VIH. Una de las estrategias que supuso un punto de inflexión en el tratamiento del sida es la que se bautizó como terapia antirretroviral de alta eficacia (TARGA o HAART). Esta terapia se presentó por primera vez en la XI Conferencia Internacional sobre el Sida, celebrada en Vancouver en 1996.

Ahí se comunicaron los resultados del primer estudio que empleaba una combinación triple como tratamiento que contenía dos inhibidores de TI y el IP indinavir (aprobado ese mismo año). Dicha terapia combinada mostró el descenso y mantenimiento de una supresión máxima de la replicación viral en pacientes con sida.

El uso de TARGA, junto con el descubrimiento de nuevos fármacos que actúan en distintas etapas del ciclo de vida del virus, permitió controlar la replicación del VIH y la carga viral en los infectados por el VIH, así como reducir significativamente la mortalidad de los pacientes. A partir de la década de los noventa, el uso de esta terapia ha permitido que el número de infectados por el VIH diagnosticados con sida haya ido decayendo significativamente, lo que ha hecho que la infección por VIH sea considerada como una enfermedad crónica y tratable. Sin embargo, estos medicamentos no han conseguido hasta el momento erradicar completamente el virus del cuerpo humano, no carecen de efectos secundarios y con el tiempo podrían desarrollarse resistencias a los mismos, por lo que sigue siendo necesaria la búsqueda de nuevos fármacos o tratamientos frente al VIH más eficaces, menos tóxicos y que no promuevan la aparición de resistencias.

La búsqueda del origen del virus

Uno de los grandes retos que surgió con la aparición del sida fue determinar el origen de la enfermedad y por tanto el del virus. Durante décadas se ha especulado sobre cómo y dónde se inició la enfermedad, incluso en algunos ambientes se llegó a postular que el VIH no existía y que se había generado en un laboratorio, que se trataba de un castigo divino o que era producto de una deficiencia de vitaminas. Su origen se remonta a principios del siglo XX por la infección de humanos por retrovirus presentes en chimpancés en África central.

Las primeras sospechas sobre el origen del virus comienzan en 1986 con dos pacientes diagnosticados de sida en

África occidental, portadores de un virus ligeramente diferente al que infectaba a pacientes en otras partes del mundo. Como se comentará en próximos capítulos, hay dos tipos distintos de virus VIH: el VIH-1 y el VIH-2. El VIH-1 es el predominante a nivel global, mientras que el VIH-2 es poco frecuente, menos transmisible, no viaja de persona a persona como el VIH-1, es menos virulento y progresa más lentamente. El VIH-2 se encuentra principalmente en esta región africana. Aunque ambos son similares y pueden provocar la aparición del sida, son genéticamente diferentes. El VIH-2 no solo es diferente genéticamente al VIH-1, sino que es muy similar a otro virus aislado de una variedad de mono muy frecuente en África occidental que se denominó virus de inmunodeficiencia en simios (SIV). El origen del VIH-1 se ha propuesto en un virus aislado, el SIV_{cpz}, proveniente de una variedad de chimpancé de Camerún que vive en zonas poco accesibles, y debido a esta característica fue más difícil de esclarecer.

Pero ¿cómo paso el SIV_{cpz} de infectar a los chimpancés a convertirse en una plaga en humanos?

Se ha propuesto que ambos retrovirus (VIH-1 y VIH-2) provienen de cruzar la barrera de las especies simio-humano de virus que infectan a simios en África. Una pista importante surgió en 1998, cuando se logró identificar el VIH-1 en una muestra de plasma humano de 1959 proveniente de un área próxima a la actual Kinsasa, en la República Democrática del Congo. La teoría más extendida es que el virus llega a los humanos a través de la caza y consumo de carne de chimpancés infectados. Seguramente esto ya había ocurrido muchas otras veces, pero en este punto el colonialismo existente a mediados del siglo XX en la región ayudó a propagar el virus: dada la demanda de materias primas, el número de personas que cruzaban regiones salvajes era muy superior al de épocas anteriores, creando más oportunidades para que el virus viajara hacia una estación comercial junto al río.

La fundación de nuevas ciudades de gran tamaño y las mejoras en las comunicaciones entre ellas permitió la llegada del virus a Kinsasa, que por entonces era la ciudad más grande de África central. Fue allí donde comenzó a crecer más allá de un simple brote y el sida se convirtió en una epidemia de dimensiones mundiales. De Kinsasa el virus viajó al este hasta el lago Victoria, al sur a Zambia, Botsuana y Sudáfrica; cruzó el océano hasta Haití y, finalmente, llegó a Estados Unidos y a Europa. Esta ruta es la mejor estudiada pero también hubo diseminación por otras, de Centroáfrica a Bélgica y Francia o de la costa índica de África a la India y el Sudeste Asiático.

Visibilización del sida

Cuando aparecieron los primeros casos de sida, la gran desinformación existente tanto sobre la forma de propagación como sobre la forma de luchar contra esta enfermedad hizo que desde el inicio se considerara un tema tabú. Dado que en los primeros años solo se conocían casos de sida entre los homosexuales, se la llegó a denominar "plaga divina" y todo el colectivo gay sufrió un gran rechazo. Además del colectivo, las personas infectadas por el VIH vieron que eran excluidas de muchas actividades sociales, sufriendo prejuicio y discriminación: a muchos niños seropositivos no se les permitió ir al colegio, trabajadores fueron despedidos, las personas seropositivas tenían restringida la entrada en algunos países, etc. Una encuesta de 1995 realizada por el Ministerio de Relaciones Exteriores y de la Mancomunidad de Naciones británico mostró que había restricciones de entrada a personas con el VIH en al menos 49 países.

Con el objetivo de ayudar a entender la enfermedad y acabar con la estigmatización y la discriminación de las personas infectadas por el VIH, muchas celebridades dieron a conocer su condición de seropositivos utilizando su fama para visibilizar la enfermedad. El primero de ellos fue el actor Rock Hudson, una de las estrellas de Hollywood más conocidas de la época. A mitad de la década de los ochenta, el actor hizo público que padecía sida. Las declaraciones de Rock Hudson pusieron por primera vez el sida en el centro de las conversaciones y fueron portada de todos los periódicos del mundo. No se trataba de que el sida afectara solo a personas anónimas, lo que visibilizó la enfermedad. Gracias a toda esta atención mediática, los fondos para la investigación aumentaron exponencialmente. Antes de morir, meses después de hacer pública su enfermedad, declararía: "No estoy feliz por tener sida, pero si estas palabras pueden ayudar a otros, al menos sabré que mi desgracia tiene un valor positivo".

A principios de la década de los noventa fue Freddie Mercury, cantante del grupo Queen, quien hacía público su diagnóstico de sida. Freddie había sido diagnosticado en 1987 y mantuvo en secreto su enfermedad hasta casi el final. El 22 de noviembre de 1991, el cantante declaraba: "Espero que todos se unan a mí, a mis médicos y a todos los que luchan contra esta terrible enfermedad". El impacto de esta noticia se amplificó aún más porque al día siguiente de sus declaraciones Mercury moría de sida.

Tanto Rock Hudson como Freddie Mercury se convirtieron en símbolos y referentes de los enfermos de sida, pero ha sido el jugador de baloncesto Magic Johnson la persona que se ha convertido en un símbolo de supervivencia. El mismo mes de la muerte de Mercury, Magic Johnson, uno de los mejores jugadores de la NBA, anunciaba su diagnóstico seropositivo en VIH. Fue una noticia impactante: Johnson era el primer deportista de élite que reconocía haber sido contagiado por el VIH, y además la infección había ocurrido por la vía heterosexual. A partir de este momento, el sida, que a pesar de los conocimientos científicos seguía siendo en el imaginario colectivo una enfermedad de homosexuales, pasó a ser una amenaza para gran parte de la población que pensaba que a ellos no les podía pasar.

Por otra parte, a diferencia de Rock Hudson o Freddie Mercury, Magic Johnson recibió el diagnóstico antes de desarrollar síntomas del sida, durante una revisión médica de pretemporada. Este hecho permitió el inicio del tratamiento antes de que la enfermedad se manifestara, dando tiempo a Johnson a que aparecieran nuevas terapias más efectivas (la terapia triple combinada, de la que hablaremos más adelante). En la actualidad, 32 años después, Magic Johnson mantiene unos niveles indetectables del virus en su sangre y lleva una vida prácticamente normal.

Rock Hudson, Freddie Mercury y Magic Johnson cambiaron la percepción del sida como una enfermedad que solo afectaba a un grupo determinado de la población, ya que el virus existía y podía infectar a cualquiera. No obstante, estas tres grandes figuras no son las únicas que han contraído el VIH. A lo largo de estos más de 40 años otras estrellas han declarado ser seropositivas: Anthony Perkins (actor de *Psicosis*), Rudolf Nureyev (uno de los más grandes bailarines de la historia), Greg Louganis (exsaltador olímpico estadounidense con dos medallas olímpicas), Isaac Asimov (novelista y divulgador científico) o, más recientemente, Charlie Sheen (actor de *Platoon* o de la serie *Dos hombres y medio*) y Conchita Wurst (cantante austriaca ganadora de Eurovisión). Ellos y otros muchos han hecho público su diagnóstico para seguir concienciando a la humanidad sobre esta enfermedad.

Campañas de difusión y concienciación

Si la visibilización del sida por parte de actores, cantantes y deportistas fue importante para cambiar la imagen de la enfermedad en la sociedad, las campañas de concienciación llevadas a cabo por los distintos gobiernos y organizaciones sin ánimo de lucro han permitido dar a conocer las formas de transmisión del virus al gran público y cómo evitarlas. A lo largo de los años, los enfoques de estas campañas han ido modificándose y reflejan el cambio que ha habido tanto en los conocimientos sobre el VIH como en los tratamientos y los avances que se han conseguido en la concienciación de la sociedad. De esta forma, durante los primeros años, las campañas de concienciación estuvieron dirigidas principalmente hacia las comunidades de homosexuales y drogodependientes, pero pronto cambiaron para concienciar a toda la población en general sobre las formas de transmisión, de la importancia del uso de preservativos y de evitar la reutilización de jeringuillas para prevenir el contagio. El segundo y muy importante objetivo de estas campañas consistió en conseguir mitigar la estigmatización de las personas seropositivas por parte de la sociedad.

Si tomamos ejemplo de las campañas españolas, las primeras que se llevaron a cabo entre 1983 y 1985 fueron autonómicas y se centraron en explicar "qué es el sida". Hubo que esperar hasta 1988 para ver una campaña nacional que se centraba en las formas de contagio del virus y que se identificó con el eslogan "SíDa, NoDa". En la década de los noventa, las campañas pusieron el foco en concienciar a la población en el uso del preservativo como manera de evitar los contagios con el eslogan "Póntelo, pónselo". En esa misma época, el Ministerio de Sanidad lanzaba "Vamos a parar el SIDA" con el fin de combatir las noticias falsas que circulaban sobre la enfermedad. A partir del año 2000, las campañas comienzan a hacer mayor hincapié en evitar la estigmatización de las personas seropositivas, sin olvidarse de recordar la importancia de la prevención. Así, surgen "Vive y deja vivir" (2002), "Por ti y por todos, úsalo" (2005), "Frente al VIH, no bajes la guardia" (2009), "Transmite respeto" (2017) o "Con información, tú puedes evitarlo" (2019), entre otras.

A lo largo de los años, las campañas de concienciación han permitido acercar a la sociedad una mayor información acerca del VIH y del sida, y han sido un pilar importante en la lucha contra la enfermedad.

No hay duda que el sida y la infección por el VIH es uno de los mayores retos a los que se ha enfrentado la humanidad a lo largo del siglo pasado y que continúa sin erradicarse en este siglo XXI. El sida sigue siendo una de las mayores epidemias a las que nos hemos enfrentado. Queda aún el gran reto de disponer de una vacuna preventiva eficaz que permita evitar la infección viral y erradicar completamente la enfermedad.

A lo largo de los siguientes capítulos se irán desvelando los distintos aspectos y el gran esfuerzo realizado por la comunidad científica y la sociedad en la lucha contra esta infección viral.

CAPÍTULO 1

El virus de inmunodeficiencia humana y el sida

El agente causante del sida es el VIH, que es un lentivirus perteneciente a la familia de los retrovirus. Estos atributos definen muchas características del VIH, pero ¿qué significan? Empezando por lo más obvio, el VIH es un virus, es decir, es una partícula microscópica infecciosa acelular que no puede reproducirse por sí sola y necesita infectar a las células de otros organismos. Los virus "se apoderan" y utilizan la maquinaria celular para crear nuevas partículas virales. En el caso concreto del VIH, el virus infecta a las células del sistema inmunitario, en particular a los linfocitos T CD4+, a los que destruye al completar su ciclo replicativo. Además, existe un segundo tipo de células humanas infectadas por el virus, los macrófagos. Debido al hecho de que los virus no son capaces de reproducirse por sí mismos, no se les considera vivos, esencialmente son solo paquetes de ácidos nucleicos y proteínas.

El VIH es un retrovirus, denominado así porque en este tipo de virus, en su ciclo replicativo, la información genética se transmite del ARN al ADN, en una dirección inversa a la habitual en otros tipos de virus. El VIH es un lentivirus, lo que implica, por un lado, que no es un virus oncogénico, es decir, un virus capaz de transformar una célula normal en célula maligna, produciendo tumores (como ocurre con otros retrovirus), y por otro, que tiene periodos de incubación prolongados y provoca infecciones persistentes. Otra característica de los lentivirus es que son capaces de transmitirse entre células que estén en contacto sin pasar al espacio extracelular, es decir, el VIH puede propagarse tanto por la liberación de partículas virales al torrente sanguíneo como por propagación de célula a célula. Esta última forma de transmisión no solo ayuda al virus a eludir las defensas inmunitarias del cuerpo, sino que ofrece importantes ventajas para la supervivencia viral.

Las células infectadas, independientemente de la vía de transmisión, pueden revertir a un estado de reposo, manteniendo el virus latente durante largos periodos de tiempo, más de cuatro años, convirtiéndose en un reservorio de células latentemente infectadas, lo que representa un gran obstáculo para la erradicación de este virus.

Otra característica del VIH es su alta capacidad de mutación. Todo organismo que requiere la presencia de ARN o ADN para su supervivencia puede llegar a mutar (ya sea por el reemplazamiento de un nucleótido, su eliminación o la introducción de un nucleótido extra). Durante la etapa de replicación del material genético se pueden producir pequeños errores que pueden ser o no relevantes. Para subsanarlos, muchos organismos tienen unas proteínas reparadoras que corrigen estas mutaciones evitando su propagación. Sin embargo, el virus carece de dicho mecanismo de corrección. Teniendo en cuenta que el VIH presenta una mutación de un nucleótido por cada ciclo de replicación y que una persona infectada que no esté en tratamiento puede producir cantidades exponenciales de nuevos virus (10^{10}-10^{12} partículas virales) cada día, es muy grande la probabilidad de que ocurra un cambio en un aminoácido, teniendo como resultado un gran número de variantes del VIH a diario en un individuo. Esta variabilidad genética permite al virus escapar de la acción del sistema inmunitario y puede provocar el fallo terapéutico en un paciente, es decir, una situación en la que los tratamientos empleados no sean capaces de suprimir adecuadamente el virus, lo que conllevaría una progresión de la enfermedad y una mayor transmisión del virus.

¿Cómo pueden entonces influir las mutaciones en el fallo terapéutico? Un fallo terapéutico puede venir provocado por distintas situaciones entre las que se encuentran la falta de adherencia al tratamiento, los efectos secundarios de alguno de los fármacos utilizados en dicho tratamiento o la aparición de resistencias del virus a los mismos. Es en este último punto donde las mutaciones juegan un papel importante.

La mutación del genoma viral es un proceso dinámico y continuo intrínseco del VIH. Hay que recordar que este material genético es el responsable de la función y forma final de las proteínas virales mediante el proceso de traducción. Durante este proceso, el genoma se "va leyendo" de manera que cada tres nucleótidos (codón) codifican un aminoácido concreto que formará parte de la estructura final de la proteína que se esté formando. Cuando se produce una mutación en el genoma pueden ocurrir tres circunstancias: que el codón resultante codifique el mismo aminoácido de forma que la proteína final no se vea afectada (es lo que se conoce como mutación silenciosa), que el triplete resultante codifique la señal de "fin de la cadena", provocando que la proteína final esté truncada (es lo que se conoce como *nonsense mutation*) o bien que dé lugar a un codón que codifique un aminoácido diferente, lo que podría alterar la función de la proteína en mayor o menor medida dependiendo de su localización e importancia (es lo que se conoce como *missense mutation*).

Estas mutaciones pueden actuar como marcadores genéticos útiles para el estudio de la evolución del virus; sin embargo, no todas ellas son igualmente significativas cuando hablamos de aparición de resistencias a los fármacos. A día de hoy, todos los fármacos desarrollados frente al VIH tienen como dianas terapéuticas las distintas proteínas víricas. Únicamente las mutaciones que afectan a dichas proteínas serán significativas desde el punto de vista del tratamiento. Estas mutaciones se nombran haciendo referencia primero al aminoácido de la cepa original, seguido de la posición del mismo y, finalmente, al aminoácido de la cepa mutada. Por ejemplo, si una mutación tiene como resultado que la metionina de la posición 184 de la transcriptasa inversa se vea reemplazada por una valina, se nombraría como M184V.

FIGURA 1
Tipos de mutaciones puntuales.

	NO MUTADO	MUTACIÓN SILENCIOSA	*NONSENSE MUTATION*	*MISSENSE MUTATION*
ARN	UUG	UUA	UAG	UGG
Aminoácido	Leu	Leu	STOP	Trp

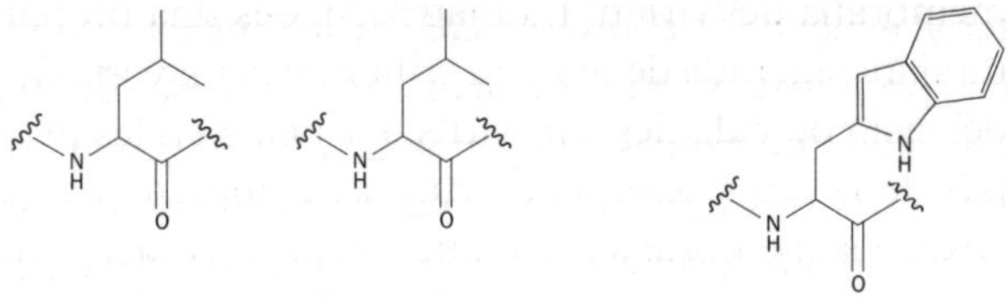

FUENTE: ELABORACIÓN PROPIA.

Cuando las distintas mutaciones que pueden tener lugar en el genoma viral están expuestas a una presión selectiva, debida a la presencia de fármacos antirretrovirales, puede ocurrir una selección de cepas resistentes a los mismos. Si la supresión viral no es lo suficientemente alta y una cantidad significativa de virus sigue propagándose, es posible que aquellas mutaciones que dan ventaja al virus para escapar de la presión de los fármacos puedan multiplicarse y den lugar a cepas virales resistentes.

Estructura del VIH

El VIH es un virus esférico que se compone, estructuralmente, de tres capas. La más externa, la envoltura, consiste en una bicapa lipídica procedente de la membrana de la célula infectada al salir el virus de la misma por gemación, tras completar su ciclo replicativo. Esta membrana contiene dos glicoproteínas virales: la gp120, que sobresale hacia el exterior anclándose en la membrana mediante otra glicoproteína, y la gp41, que forma el tronco transmembrana. Estas dos proteínas son las responsables de la fusión e interacción del virus con la célula huésped. Así, la gp120 es la responsable de la unión del virus al receptor celular, lo que inicia el proceso de fusión con la membrana de la célula huésped. Por su parte, la gp41 es la responsable de la fusión entre la membrana celular y la envoltura viral.

Siguiendo hacia el interior, la segunda capa consiste en una matriz proteica denominada p17 o MA, que está formada por un polipéptido que recubre la superficie interna de la membrana del virión. La matriz MA es una proteína estructural involucrada de manera crítica en la mayoría de las etapas del ciclo de vida del retrovirus. Participa en las primeras etapas de la replicación del virus, así como en la dirección del ARN a la membrana plasmática, la incorporación de la envoltura a los viriones y el ensamblaje de partículas.

Figura 2
Estructura del virión del VIH.

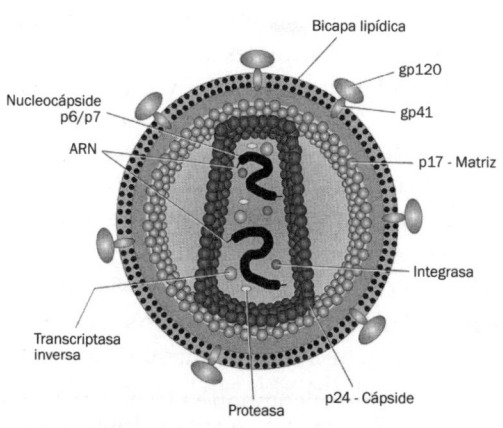

Fuente: Dibujo original de Daniel Beyer, adaptado por Luis Fernández García. Wikimedia Commons.

Finalmente, en el centro del virus se localiza la tercera capa o cápside. La cápside tiene una estructura de cono y está formada por la proteína p24, y envuelve dos hebras idénticas de ARN monocatenario, junto con las enzimas virales necesarias para la replicación del virus, tales como la transcriptasa inversa (TI), la integrasa (In) y la proteasa (Pr). La transcriptasa inversa viral, solo presente en las células infectadas, es la enzima responsable de convertir el ARN genómico del virus en el ADN proviral. La enzima es la responsable de un proceso de transformación de su genoma en un sentido inverso al habitual, es decir, del ARN al ADN, y a partir de este último llevar a cabo la síntesis de las proteínas necesarias para la formación de la nueva partícula viral. Pero los retrovirus no solo sintetizan el ADN a partir del ARN, sino que integran dicho ADN, una vez duplicado y circularizado, como un gen más en el ADN de la célula infectada. Este proceso es catalizado por la enzima integrasa. Finalmente, la proteasa es la encargada de procesar las cadenas proteicas creadas a partir del ADN viral para dar lugar a las proteínas activas del virus maduro. El VIH reprograma a la célula huésped para convertirla en una fábrica de virus.

El ciclo replicativo del VIH

Esquemáticamente, el ciclo replicativo del VIH se divide en dos grandes fases: 1) una fase temprana, que se inicia cuando se unen los viriones a la célula y finaliza con la formación del ADN proviral, y 2) una fase tardía, que se inicia con el ADN proviral y finaliza con la liberación de nuevas partículas virales infectivas. En la fase temprana existen una serie de procesos clave: adsorción del virus a la célula, fusión de las membranas viral y celular, penetración de la nucleocápsida viral, descapsidación, liberación intracelular del ARN genómico viral y transcripción de dicho ARN a ADN proviral, catalizado por la enzima transcriptasa inversa. En la fase tardía existen los siguientes procesos clave: transcripción del ADN proviral a ARNm (ARN mensajero), traducción del ARNm a los correspondientes precursores de las proteínas virales, procesado de dichos precursores mediante proteólisis, miristoilación y glicosidación, y finalmente, ensamblaje y liberación de nuevas partículas virales infectivas por gemación.

Ciclo replicativo del VIH.

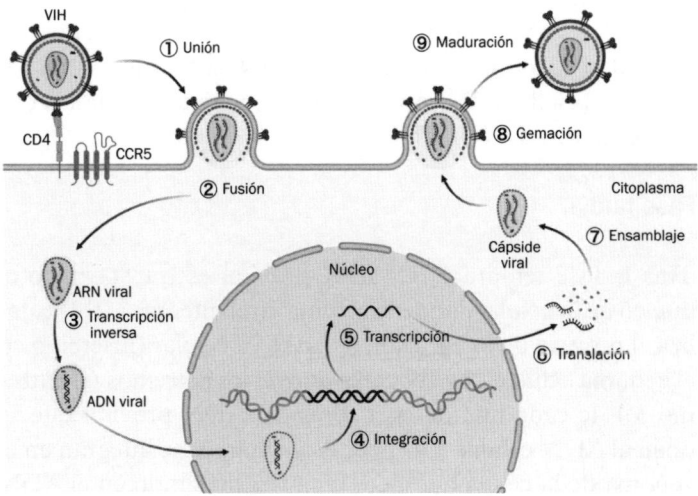

FUENTE: ELABORACIÓN PROPIA.

Fase temprana

La entrada del virus a la célula se produce mediante la interacción del virus con el receptor celular CD4. Esta interacción provoca cambios en la estructura de la proteína gp120 (cambios conformacionales) que permiten su interacción con los correceptores celulares de quimiocinas CCR5 y CXCR4. A continuación, se producen nuevos cambios conformacionales que conducen a un plegamiento de gp41 y a la inserción de sus terminales no polares en la membrana celular; esto favorece el proceso de fusión de las membranas viral y celular, permitiendo la liberación de la cápside en el citoplasma celular. Seguidamente, el ARN genómico es convertido en ADN proviral, proceso catalizado por la enzima viral transcriptasa inversa (TI). En este proceso, la TI tiene una doble función:

en primer lugar, actúa como una polimerasa, transformando el ARN genómico viral en una doble hélice ARN-ADN, y posteriormente separa la doble hélice mediante su acción ribonucleasa, eliminando la cadena de ARN utilizada como molde. La cápside atraviesa intacta el poro nuclear y se descapsida en el núcleo liberando el ADN proviral. Una vez la hebra de ADN se encuentra libre, la acción polimerasa de la enzima TI duplica la hebra de ADN sintetizando una segunda hebra de ADN complementaria para dar lugar a la doble hélice de ADN proviral.

Fase tardía

Tras la fase temprana, el ADN proviral es transportado al núcleo de la célula, donde la enzima viral integrasa (IN) cataliza el proceso de integración en el ADN celular (inserción en el genoma celular). La IN corta uno de los extremos (el extremo 3') de cada una de las hebras del ADN proviral que se unen al ADN celular. Las hebras resultantes se integran en el genoma de la célula huésped. Una vez integrado en el ADN celular, el ADN viral puede permanecer en estado de latencia durante años, creando un reservorio del virus, pero también puede replicarse para dar lugar a nuevos viriones. En resumen, la célula queda programada para producir nuevas copias del VIH. En este último caso, utiliza la maquinaria celular para replicar su genoma y producir las proteínas necesarias para generar un nuevo virión. Así, una vez integrado el ADN proviral en el genoma celular, se inicia el proceso de transcripción de dicho ADN en ARN viral y ARNm. En todo el proceso de transcripción, una proteína viral esencial es la Tat, cuya función principal es elongar el ARN "naciente" que permite la generación del ARN viral completo. Sin esta proteína, el número de copias del ARN viral sería bajo. Una vez sintetizado el ARNm viral, es transportado al citoplasma como una única hebra y debe ser procesado para dar lugar a ARN de distintos tamaños. Una vez en el citoplasma, el ARNm se acopla a los ribosomas, donde se lleva a cabo su traducción en las distintas proteínas virales. Las partes del virus sintetizadas (nuevo ARN genómico viral y las poliproteínas virales precursoras), listas para ser ensambladas, se acercan hacia la membrana de la célula, donde se unen para formar nuevos viriones inmaduros que salen de la célula por gemación, llevándose parte de la membrana celular que formará la nueva envoltura viral. Esta salida provoca agujeros en la superficie de la membrana celular.

Las partículas virales liberadas son viriones inmaduros (partículas no infectivas) que deben madurar. La maduración, el último paso del ciclo de vida viral, está mediada por la enzima viral proteasa (PR); este proceso ocurre durante la gemación o poco después. La PR lleva a cabo la proteólisis de las poliproteínas precursoras para dar lugar a las distintas enzimas (transcriptasa inversa, proteasa e integrasa) y proteínas estructurales virales, es decir, corta las poliproteínas para que estas adquieran la estructura y función adecuadas. Seguidamente se ensambla la nueva cápside encerrando en su interior dichas enzimas y el ARN viral, dando lugar a nuevas partículas virales maduras capaces de infectar nuevas células. Todos los procesos implicados en la replicación del VIH en los que interviene la maquinaria celular hacen que se debiliten o incluso mueran las células huésped (linfocitos T CD4+), lo que disminuye o anula su capacidad para proteger al organismo de otras infecciones.

Tipos y subtipos de virus de inmunodeficiencia humana

Al hablar del VIH, en general, nos referimos a un tipo concreto: el virus de inmunodeficiencia humana tipo 1 (VIH-1). Sin embargo, y como adelantamos en el capítulo introductorio, existen dos tipos de VIH: el VIH-1 y el VIH-2, ambos muy similares en cuanto a su genoma. Aunque ambos tienen su origen en saltos interespecies de virus de inmunodeficiencia que infectan simios (SIV) en la naturaleza, no provienen de las mismas cepas de SIV. El VIH-1 tiene su origen en un virus que infecta a los chimpancés, mientras que el VIH-2 tiene un genoma muy cercano al virus que infecta a un tipo de mono muy frecuente en África occidental, el *sooty mangabey*. Así, ambos tipos de VIH solo tienen un 40-50% de similitud genética. El comportamiento de estos tipos de VIH también es distinto: el VIH-2 presenta menores tasas de transmisión sexual y perinatal, una fase asintomática mucho más prolongada y una progresión clínica más lenta. Por otro lado, aunque los pacientes infectados por VIH-2 muestran una carga viral en plasma baja o indetectable en la mayoría de los casos, los niveles de ADN proviral integrado son similares en ambas infecciones (VIH-1 y VIH-2), lo que sugiere que el VIH-2 tiene una mayor inclinación para establecer la latencia en comparación con el VIH-1. Esto no quiere decir que los pacientes infectados por VIH-2 no requieran el uso de fármacos antirretrovirales; sin una terapia efectiva, una alta proporción de pacientes infectados por el VIH-2 desarrollarán sida y morirán.

Otro aspecto en el que ambos tipos de VIH difieren es su distribución: el VIH-1 es responsable de la propagación mundial del sida, mientras que el VIH-2, menos agresivo y contagioso, se da principalmente en África, pero también se puede encontrar en países con vínculos socioeconómicos en la región, como Portugal y Francia.

Dentro de cada tipo de VIH existen diferentes subtipos. Para poder clasificarlos, los científicos usan un árbol filogenético, es decir, un diagrama en el que se representa lo cercanas o lejanas que son variantes del VIH entre sí, que permite trazar la evolución de las distintas cepas y entender su historia. Los árboles filogenéticos también son útiles para identificar nuevas cepas o estudiar la propagación del virus en diferentes poblaciones y regiones geográficas.

En el VIH-1 se pueden distinguir cuatro grupos de virus diferenciados que se originaron a partir de cuatro transmisiones interespecies entre simios y humanos separadas en el tiempo: el grupo M (*major*), el grupo O (*outlier*), el grupo N (*no M no O*), y el grupo más reciente, el P (*putative*). Como su propio nombre indica, el subtipo M es el mayoritario y es el responsable de la pandemia mundial del VIH desde su inicio, mientras que los otros grupos se limitan principalmente a África occidental y central. Para complicar un poco más esta imagen, el grupo M presenta, a su vez, diez subtipos (A, B, C, D, E, F, G, H, J, y K), que pueden llegar, asimismo, a combinarse entre sí dando lugar a híbridos. Cuando esta situación se produce, a la forma resultante se la denomina forma recombinante circulante (CRF), pero también pueden darse formas recombinantes únicas (URF), es decir, secuencias virales que no muestran una posterior transmisión. Hasta el momento se han identificado 102 formas recombinantes circulantes múltiples, así como numerosas formas recombinantes únicas.

FIGURA 4

Variantes del virus de inmunodeficiencia humana.

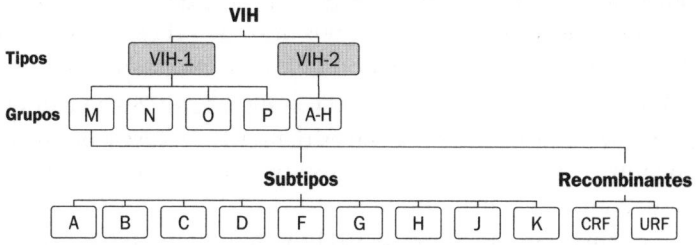

FUENTE: ELABORACIÓN PROPIA.

Por su parte, el VIH-2 también se subdivide en ocho grupos diferentes, que se designan con las letras de la A a la H. De estos grupos, solo el A y el D parecen circulan actualmente entre los seres humanos.

No todos los grupos y subtipos tienen la misma influencia en la pandemia del sida. Como se ha comentado, entre ambos tipos de VIH, el VIH-1 es el mayoritario, el más agresivo y contagioso. Dentro de este tipo, el grupo M es el que se encuentra más diseminado y, a su vez, dentro de este grupo, alrededor del 50% de las personas infectadas por el VIH en el mundo lo son por el subtipo C, en especial en el sur y en el este de África, en India y en el sur de Brasil, mientras que el subtipo B es el más frecuente en Europa occidental, América y Australia. Sin embargo, es posible estar infectado por más de una cepa de VIH, que es lo que se conoce como superinfección. Cuando esta ocurre, la nueva variante del virus puede sustituir a la variante original o coexistir con ella en el organismo.

Transmisión y prevención del VIH

A diferencia de otras enfermedades, el virus de inmunodeficiencia humana no necesita ningún vector de transmisión, se transmite mediante el contacto directo entre individuos, ya sea a través de la exposición a sangre o productos sanguíneos contaminados, o bien mediante el intercambio de fluidos corporales infectados (semen, fluidos rectales o vaginales, o leche materna). Las formas de transmisión del VIH podrían dividirse en tres vías:

1. Vía de transmisión sexual: dentro de esta se puede distinguir entre la transmisión a través del semen o mediante sexo oral:

- Transmisión a través del semen: las relaciones sexuales (anales o vaginales) son una de las principales vías de transmisión del VIH. Comparando las dos vías de transmisión, las relaciones sexuales anales presentan una mayor probabilidad de contagio que las vaginales porque se pueden producir heridas que favorecen el contacto del virus con el torrente sanguíneo.
  En la actualidad, los tratamientos antirretrovirales de alta eficacia han permitido reducir la infección mediante esta vía. Las personas con VIH que toman estos medicamentos presentan cargas virales indetectables y por tanto no transmiten el virus a sus parejas a través de relaciones sexuales. Es el concepto conocido como "indetectable equivale a intransmisible". Aun así, se

recomienda a las personas que asumen prácticas de riesgo con personas infectadas que utilicen preservativos y se realicen pruebas de detección regularmente para asegurar que no se han contagiado.

- Transmisión por la práctica de sexo oral: practicar sexo oral implica un bajo o casi nulo riesgo de adquirir o transmitir el virus del sida. La presencia de úlceras orales, el sangrado de encías o las llagas genitales, así como la existencia de otras enfermedades de transmisión sexual, pueden aumentar el riesgo de transmisión del VIH por esta vía. Sin embargo, este riesgo sigue siendo extremadamente bajo.

2. Vía de transmisión sanguínea: dentro de ella podemos distinguir entre la transmisión mediante transfusiones sanguíneas, la transmisión por compartir agujas o jeringuillas y la accidental mediante pinchazos o heridas producidas por objetos cortantes.

- Transmisión mediante transfusiones de sangre, recibir hemoderivados contaminados o trasplantes de órganos de pacientes infectados: aunque esta fue una de las primeras formas de transmisión identificadas, hoy en día, gracias los test diagnósticos y de detección que se aplican tanto a la sangre como a derivados de la misma y a los órganos donados, el riesgo de infección por esta vía es extremadamente pequeño.
- Transmisión por compartir agujas o jeringuillas: si una persona VIH negativa utiliza equipos de inyección previamente empleados por alguien seropositivo, el riesgo de contraer el virus es muy elevado. Esto es debido a que tanto las agujas como las jeringuillas u otros equipos de inyección pueden contener sangre contaminada. Dependiendo de las condiciones ambientales, el virus puede sobrevivir hasta 42 días en una jeringuilla. Esta forma de transmisión no solo se relaciona con personas drogodependientes que emplean

la vía venosa, sino también con personas que se inyectan hormonas, silicona, esteroides, etc.

- Exposición al virus a través de un pinchazo accidental con una aguja o un objeto cortante contaminados: esta forma de transmisión representa un peligro potencial, principalmente para el personal sanitario. No obstante, el nivel de riesgo actual es mínimo.

3. Vía materna o transmisión perinatal: este tipo se da cuando una mujer seropositiva transmite el VIH a su bebé durante el embarazo, el parto o la lactancia. Afortunadamente, los tratamientos actuales junto con otras estrategias como, por ejemplo, el nacimiento del niño o niña mediante una cesárea programada, hacen que este tipo de transmisión en Europa y Estados Unidos sea excepcional.

Como se ha ido comentando, en la actualidad no todas las vías de transmisión del VIH son igualmente relevantes. Un mejor conocimiento del virus y el acceso a los nuevos tratamientos con antirretrovirales han hecho que algunas de las mencionadas vías de transmisión sean muy poco relevantes en el mundo desarrollado. Sin embargo, esto no es así en los países menos desarrollados y del tercer mundo. En la tabla 1 se resume la importancia de las formas de transmisión del VIH en países desarrollados.

TABLA 1

Relevancia de las formas de transmisión del VIH en países desarrollados.

MÁS COMUNES	MENOS COMUNES	EXTREMADAMENTE RAROS
Semen	Transmisión perinatal	Sexo oral
Compartir agujas/jeringuillas	Pinchazos o heridas por utensilios cortantes	Transfusiones de sangre

FUENTE: ELABORACIÓN PROPIA.

Finalmente, es igualmente importante conocer cómo no se transmite el VIH. El virus no se transmite a través de las picaduras de mosquitos u otros insectos, tampoco por la saliva, lágrimas o sudor, al tocarse o darse besos sociales, al compartir los mismos utensilios o por el aire.

A pesar de los distintos avances en la lucha contra el sida, la mejor forma de combatirlo sigue siendo la prevención. Para ello se recomienda:

- El uso de preservativos durante las relaciones sexuales.
- En el caso de consumo de drogas inyectadas, emplear material estéril y evitar el uso compartido de jeringuillas, agujas y otros útiles de inyección.
- Utilizar material estéril y de un solo uso en instrumentos para perforar la piel (acupuntura, tatuajes, *piercing*, etc.).
- En el caso de mujeres embarazadas seropositivas es importante mantener una carga viral indetectable mediante el empleo del tratamiento adecuado. No es recomendable la lactancia materna.
- La realización de pruebas de detección del VIH y de otras infecciones de transmisión sexual en personas que llevan a cabo prácticas de riesgo.
- El tratamiento inmediato de los nuevos diagnosticados.

Progresión de la infección por el VIH

Una característica que diferencia al VIH de otros virus es que este tiene como principales dianas las células del sistema inmunitario, concretamente una subpoblación de linfocitos T, los CD4, y los macrófagos. Los primeros son los encargados de coordinar el sistema inmune y su destrucción por parte del virus se traduce en un debilitamiento de dicho sistema, permitiendo así la infección por parte de gérmenes oportunistas y la aparición de raros tipos de tumores propios del sida.

Junto con la inmunosupresión, el virus también actúa creando reservorios. Durante su replicación, el VIH integra su material genético en el ADN de los linfocitos, manteniendo el virus latente durante años. La latencia del virus dificulta su erradicación con los tratamientos actuales. Aunque estos tratamientos permiten suprimir la replicación del virus, si estos se suspenden, el virus vuelve a replicarse a partir de estos reservorios.

La lucha entre el sistema inmunitario y el virus se ve reflejada en las tres fases de la infección:

1. Infección aguda: durante las primeras semanas de infección, el virus llega a los ganglios linfáticos, donde comienza a replicarse rápidamente y a diseminarse por el cuerpo. En esta etapa, el virus ataca y destruye los linfocitos T CD4+. Se produce un aumento de la cantidad de virus en el cuerpo (aumento de la carga viral) hasta niveles muy elevados. A pesar de esta alta carga viral, los test diagnósticos basados en la detección de anticuerpos específicos frente al VIH en los primeros días dan resultados negativos, dado que el organismo aún no ha iniciado su producción.

Figura 5

Progresión natural de la infección por VIH.

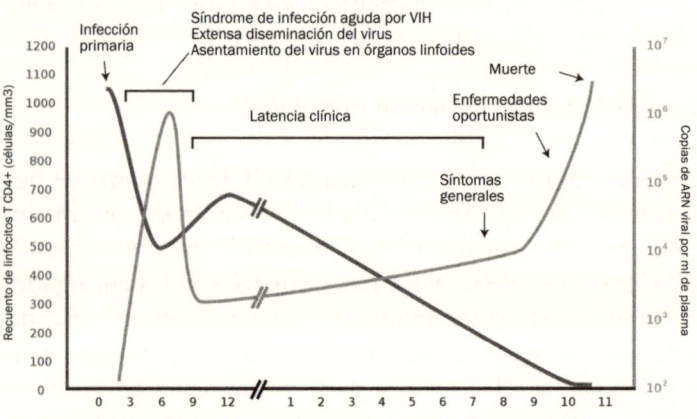

Fuente: Jurema Oliveira, Wikimedia Commons.

La etapa de infección aguda suele manifestarse entre dos y cuatro semanas después de la exposición al virus, y debido a la alta carga viral presente en el cuerpo, existe un riesgo considerable de transmisión. La persona infectada puede presentar síntomas similares a la gripe, como fiebre, dolor muscular y de garganta o fatiga. Poco a poco, el sistema inmune reacciona y comienza a producir anticuerpos para luchar contra el VIH. En este momento se habla de seroconversión: es el punto en el que los test diagnósticos ya son capaces de detectar la presencia de anticuerpos en el paciente. Gracias a la respuesta del sistema inmunológico, la cantidad de virus en el cuerpo disminuye hasta alcanzar niveles basales, pero no se logra eliminarlo completamente del organismo. La seroconversión ocurre en un periodo variable, pero, en la mayoría de los casos, se da varias semanas después de la exposición al VIH.

2. Infección crónica: durante esta fase, el paciente puede no presentar síntomas relacionados con el VIH, lo que hace que esta etapa también sea conocida como infección asintomática o de latencia clínica. Esto no significa que el virus esté inactivo: sigue replicándose sobre todo en el tejido linfático y, aunque los niveles de virus son menores que en la etapa anterior, poco a poco van aumentando. Al mismo tiempo, el número de células CD4 (linfocitos T), relativamente estable al inicio de la infección crónica, empieza a disminuir.

Hay que resaltar que, a pesar de ser una etapa asintomática, es posible la transmisión del virus durante la misma, y únicamente pacientes con una carga viral indetectable gracias a los tratamientos recibidos no presentan riesgos de transmisión. La etapa de infección crónica tiene una duración promedio de unos diez años, pero es posible prolongarla durante décadas mediante la terapia triple de alta eficacia.

3. Fase avanzada o sida: en la última fase de la infección, el sistema inmune está gravemente debilitado y aparecen las enfermedades oportunistas; es en este momento cuando se habla de sida. En esta etapa, los niveles de células CD4 son

inferiores a 200 células/mm^3 (el rango normal en una persona sana se encuentra entre 500 y 1600 células/mm^3). Asimismo, la carga viral durante la fase avanzada vuelve a ser muy alta y el virus puede transmitirse muy fácilmente.

Durante la fase avanzada suele producirse una inflamación difusa de los ganglios linfáticos, la reducción severa del peso corporal, la aparición de fiebre y síntomas respiratorios, así como gastrointestinales. Junto con estos síntomas, las personas con sida son vulnerables a infecciones oportunistas y cánceres raros.

Sin tratamiento, el paciente que muestra los primeros síntomas de sida fallece en dos o tres años.

CAPÍTULO 2

Test para diagnosticar la infección por VIH

No hay duda de que una herramienta esencial en la lucha contra cualquier enfermedad son los test diagnósticos. En el caso de la infección por el VIH, la detección temprana de la infección y el subsecuente inicio de un tratamiento adecuado permiten controlar los niveles del virus en sangre, lo que por un lado previene la evolución de la infección hacia la etapa de sida y por otro evita la propagación del virus. Desde que se desarrolló el primer test diagnóstico frente al VIH en 1985, estos han ido evolucionando y perfeccionándose. En la actualidad se dispone de tres tipos de test para rastrear el virus: de detección, de seguimiento y de detección de mutaciones. Conviene puntualizar que los test descritos en este capítulo reflejan la historia y la tecnología actual en un campo que cambia rápidamente.

Test serológicos de detección

Cuando se habla de prueba diagnóstica del VIH, en general se hace referencia a los test serológicos, que permiten saber si una determinada persona ha sido o no infectada por el VIH. A la hora de utilizarlos, es importante tener en cuenta algunos factores que explicamos a continuación.

El periodo eclipse y ventana

La detección del virus tras la infección o contacto con el mismo no es inmediata, sino que existe un periodo de tiempo en el que el virus no es detectable por ningún test, lo que se conoce como periodo eclipse y, por lo general, comprende entre 7 y 21 días.

Por otro lado, el periodo ventana se refiere al tiempo que transcurre entre la exposición al VIH y el momento en el que una prueba concreta puede detectar el VIH en el cuerpo. A diferencia del periodo eclipse, el periodo ventana varía con cada tipo de test y es especialmente importante tenerlo en cuenta a la hora de elegir un test de detección del virus.

La sensibilidad y especificidad del ensayo

Estas medidas proporcionan información sobre la capacidad de un test para detectar o descartar correctamente la infección. La sensibilidad de un test se refiere a la capacidad del mismo para identificar correctamente a las personas que realmente sufren la infección, es decir, la probabilidad de que una persona infectada tenga un resultado positivo con ese test. Por el contrario, la especificidad se refiere a la capacidad del test para descartar correctamente la presencia de la condición en personas que no la tienen.

La sensibilidad y especificidad son medidas que evalúan el rendimiento global de un test, son intrínsecas al mismo y no dependen de la frecuencia de la infección en una población determinada. Estas medidas son útiles para comparar diferentes pruebas diagnósticas y evaluar su desempeño en condiciones controladas. De manera general, es recomendable que las pruebas iniciales de detección del VIH presenten una alta sensibilidad con el fin de detectar toda posible infección por el virus, aunque la carga viral sea baja.

Sin embargo, en la práctica clínica, estas medidas tienen limitaciones y no informan de la probabilidad de que una persona infectada dé positivo en el test.

El valor predictivo positivo

Junto con la sensibilidad y especificidad de los test, los médicos necesitan conocer otro valor para evaluar los resultados obtenidos de forma correcta: el valor predictivo positivo, que nos indica la probabilidad de que una persona con un resultado positivo realmente haya sido infectada por el virus. Este valor determina qué proporción de los resultados positivos de un test en concreto corresponden a personas que sí han sido infectadas por el virus frente a los falsos positivos. Cuanto mayor es el valor predictivo positivo, mayor será la confianza en el resultado del test.

A diferencia de la sensibilidad y la especificidad, el valor predictivo positivo depende de lo frecuente que sea la enfermedad en una región o zona. Si en una región existe una alta prevalencia de la infección, entonces es más probable que alguien con un resultado positivo realmente tenga la enfermedad. Sin embargo, si la prevalencia es baja, incluso si el examen es positivo, podría haber más posibilidades de que sea un falso positivo.

El valor predictivo positivo es útil para tomar decisiones clínicas basadas en un resultado específico de la prueba. Sin embargo, su dependencia con la prevalencia de la infección en un determinado lugar hace que no pueda ser usada para la extrapolación de los resultados a otros entornos.

Los posibles falsos positivos y negativos

Como su propio nombre indica, un falso positivo se refiere a un resultado que indica erróneamente la presencia del virus, cuando en realidad no está presente. Por el contrario, un falso negativo se produce cuando el test muestra que una persona no tiene el virus a pesar de estar infectada. A medida que los test diagnósticos han ido evolucionando se ha reducido el número de falsos positivos y negativos. Sin embargo, ningún test es fiable al 100%.

Los falsos positivos pueden producirse por el uso de test muy sensibles pero poco específicos, lo que significa que pueden identificar de manera incorrecta anticuerpos similares a los del VIH en lugar de los específicos. También puede darse un falso positivo debido a reacciones cruzadas con otros anticuerpos o proteínas presentes en el cuerpo. Estas reacciones pueden ocurrir cuando una persona ha sufrido otras infecciones virales o ha sido vacunada recientemente frente a otras infecciones virales como la gripe, la hepatitis B o C, el lupus u otras enfermedades autoinmunes.

En cuanto a los falsos negativos, hoy en día suelen estar relacionados con el uso del test antes del tiempo recomendado, durante el periodo de latencia. El periodo ventana de un determinado test está relacionado con el biomarcador concreto que detecta ese test y la sensibilidad del mismo.

Biomarcadores tempranos del VIH

A medida que evoluciona la infección por el VIH, aparecen en el cuerpo distintos marcadores sanguíneos inmunológicos y virológicos en un orden determinado. Estos marcadores se emplean en los test de detección para determinar la presencia del virus en el organismo. Dependiendo del biomarcador empleado en cada test y del momento en que su concentración sea detectable, el periodo ventana será diferente.

El primer biomarcador detectable por los test diagnósticos es el ARN viral, que puede observarse en una muestra alrededor de 10 días después de la infección y alcanza su máximo de concentración entre los 20 y 30 días.

Otro marcador temprano es el antígeno p24 (Ag p24). Esta proteína forma parte de la cápside viral y es la más abundante del VIH. La detección del antígeno p24 permite identificar la presencia del virus entre 18 y 45 días tras la infección. A diferencia del ARN viral, la presencia de este marcador disminuye hasta niveles indetectables después de uno o dos meses, debido a la aparición de los anticuerpos generados por el sistema inmune durante la seroconversión. Es decir, los ensayos que únicamente determinan la presencia del antígeno p24 solo son fiables durante las etapas más tempranas de la infección. También hay que tener en cuenta que el antígeno p24 es exclusivo del VIH-1.

En el caso del VIH-2, el antígeno equivalente es el p26, por lo que los test diagnósticos basados exclusivamente en la búsqueda de p24 no son válidos para detectar el VIH-2.

El tercer biomarcador que utilizan los test de detección son los anticuerpos IgM e IgG. Al igual que con otras infecciones virales, la respuesta de anticuerpos comienza con las inmunoglobulinas de clase M o anticuerpos IgM. Los IgM proporcionan una respuesta inmediata a la presencia del virus y suelen aparecer 20 días después de la infección, para alcanzar su máxima concentración 10 o 15 días más tarde. Sin embargo, los IgM son anticuerpos de corta duración y desaparecen a las pocas semanas. La respuesta inmunitaria cambia a la inmunoglobulina de clase G o IgG, entre 30 y 35 días tras la infección. La concentración de los IgG aumenta con el tiempo, de manera progresiva, a la vez que el ARN viral disminuye.

Figura 6

Cronograma de la aparición de los distintos biomarcadores para la detección de la infección por VIH.

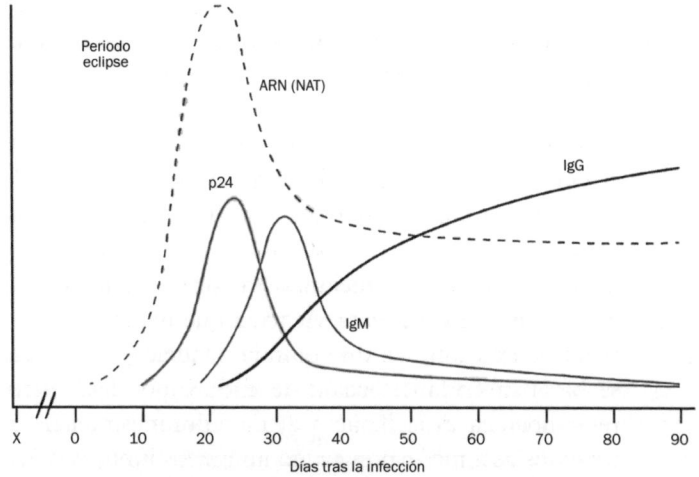

Fuente: Centros para el Control y la Prevención de Enfermedades de Estados Unidos.

Dependiendo del tipo de biomarcador detectado, existen tres tipos de test de detección: test de ácido nucleico (NAT) que identifican la presencia del ARN viral en la muestra; test combinados antígenos/anticuerpo, capaces de detectar tanto el antígeno p24 del VIH como los anticuerpos IgM e IgG, así como los test de anticuerpos que, como su nombre indica, detectan anticuerpos IgM e IgG.

Evolución de los test serológicos

Desde que en 1985 se desarrolló el primer test de detección, los distintos tipos de test han ido evolucionando tanto en el tipo de biomarcador analizado como en su sensibilidad y especificidad, logrando disminuir el periodo ventana.

La mayoría de los ensayos para la detección del VIH se han basado en el empleo de los test de ensayo inmunoabsorbente ligado a enzimas (o test ELISA). Los test ELISA para la identificación del VIH se han desarrollado con los años, mejorando su especificidad, y selectividad y pueden clasificarse según su generación como se indica a continuación:

- Test de primera generación: usaban lisados virales y se centraban en la detección de anticuerpos IgG, lo que implicaba que su periodo ventana era de al menos cinco semanas. Aunque mostraban una alta sensibilidad, daban lugar a un alto porcentaje de falsos positivos. Solo fueron aprobados para el análisis de los bancos sangre.
- Test de segunda generación: desarrollados a finales de la década de los ochenta. Al igual que los test de primera generación, los de segunda generación también se basaban en la detección de anticuerpos IgG, pero mejoraban la especificidad al incorporar proteínas o péptidos recombinantes como antígenos junto con los lisados virales. Además, estos test incorporaron antígenos específicos para detectar la presencia del VIH-2, lo que permitía distinguir entre los dos tipos de virus. Esta modificación ayudó a reducir el número de falsos

positivos y disminuyó algo el periodo ventana, que pasó a ser de al menos cuatro semanas.

- Test de tercera generación: en estos se modificó el ensayo para transformarlo en un test ELISA tipo sándwich. A diferencia de los test ELISA anteriores, que utilizan un solo antígeno para detectar el anticuerpo, en el tipo sándwich se emplean pares de antígenos coincidentes (antígeno de captura y detección). El uso de esta técnica permite que la sensibilidad del ensayo sea de dos a cinco veces mayor que en los test ELISA anteriores. También permite una mayor especificidad, ya que se utilizan dos anticuerpos para detectar el antígeno. Aparte de ser más sensibles y específicos, los test de tercera generación incorporan, además, la detección de anticuerpos IgM. La detección exclusiva de estos anticuerpos no tiene mucha relevancia clínica, debido a que son anticuerpos de corta duración. Sin embargo, si se incorporan a un test diagnóstico que también detecte anticuerpos IgG, permiten reducir el periodo ventana a aproximadamente tres semanas desde el inicio de la infección.

- Test de cuarta generación: al igual que los anteriores, estos se basan en test ELISA tipo sándwich, pero incluyeron por primera vez la detección de antígenos p24 (antígenos del VIH-1). Estos test combinaron la detección de anticuerpos IgM e IgG con la de antígenos p24, reduciendo el periodo ventana a dos semanas.

Pruebas de laboratorio en el lugar de asistencia

Junto a los ensayos que se realizan en el laboratorio, existen otros test que se han diseñado como dispositivos de análisis portátiles fáciles de utilizar: las denominadas pruebas de laboratorio en el lugar de asistencia (POC). Dependiendo del POC empleado, estos ensayos pueden realizarse en el domicilio, en una farmacia, en un consultorio médico, etc., y no siempre es necesario que los lleve a cabo un profesional sanitario. Un ejemplo de este tipo de dispositivos son los test de antígenos del COVID-19. En el campo del sida, la FDA aprobó el primer test de este tipo en el año 2002. Los ensayos POC del VIH permiten la detección del virus en trasudados orales o en sangre obtenida por una simple punción digital en lugar de venopunción, y elimina la necesidad del manejo, procesamiento y almacenamiento de las muestras.

Los test POC han permitido mejorar la accesibilidad de los test diagnósticos en regiones donde la asistencia sanitaria se encuentra alejada de los pacientes, contribuyendo a los esfuerzos de alcanzar el objetivo 95-95-95 propuesto por la ONU para el año 2030. Este objetivo plantea que el 95% de las personas con VIH hayan sido diagnosticadas, que el 95% de las personas diagnosticadas reciban un tratamiento adecuado y que el 95% de estas tengan carga viral indetectable.

Al igual que los ensayos en el laboratorio, los test diagnósticos POC se basan en la detección de antígenos o anticuerpos relacionados con el VIH y, dependiendo de si el biomarcador estudiado es p24, IgM o IgG, el periodo ventana del test variará. Sin embargo, de manera general, las pruebas realizadas en laboratorios tienen una mayor sensibilidad, especialmente poco después de la infección.

Test de confirmación

A pesar de que la especificidad de los test serológicos ha ido mejorando con los años, no se puede descartar la posibilidad de falsos positivos. Para evitarlos, en 1987 se añadió un segundo nivel de ensayo para confirmar la posible infección por el VIH, el ensayo de Western Blot o el de inmunofluorescencia (IFA).

El ensayo de Western Blot es una técnica que permite diagnosticar la presencia de una determinada proteína; en el caso del VIH, los anticuerpos IgG. Por su parte, el de inmunofluorescencia también se basa en la detección de los anticuerpos IgG. Sin embargo, este emplea la microscopía de fluorescencia para detectar los anticuerpos.

Durante décadas, de los dos test anteriormente mencionados, el de Western Blot ha sido el de preferencia para confirmar la presencia del VIH en una muestra. Aun así, este ensayo presenta un periodo ventana mucho mayor que el de los test serológicos de tercera y cuarta generación, lo que hace que el de Western Blot dé lugar a falsos negativos en el periodo agudo de la infección, etapa en la que la individuo tiene una alta capacidad para contagiar. Un segundo problema con este test es que resulta difícil distinguir si la infección se ha producido por el VIH-1 o por el VIH-2. Un diagnóstico correcto no solo es importante por las diferencias en el curso de la infección entre ambos virus, sino que además algunos fármacos antivirales, como por ejemplo los inhibidores no nucleosídicos de la transcriptasa inversa del virus, no son efectivos frente al VIH-2. Por todo ello, en 2014 los CDC recomendaron no utilizar el test de Western Blot para confirmar la infección por el VIH. En la actualidad, los CDC recomiendan el uso del inmunoensayo de diferenciación o de los ensayos de ácidos nucleicos para confirmar dicha infección.

Por su parte, en el inmunoensayo de diferenciación, la identificación del tipo del virus se logra mediante el uso de antígenos específicos de determinadas proteínas del VIH-1 o del VIH-2. En el caso del VIH-1, se detectan anticuerpos específicos contra antígenos tales como la proteína p24, la glicoproteína gp41 y la glicoproteína gp120, que son importantes en la estructura y la función del virus; mientras que en el caso del VIH-2 se utilizan antígenos específicos como la glicoproteína gp26 y la glicoproteína gp105. Estas proteínas son características del VIH-2 y no están presentes en el VIH-1.

Los test de ácidos nucleicos cualitativos, como su propio nombre indica, y a diferencia de los test anteriores, no se centran en la identificación de anticuerpos del VIH, sino en su material genético. Este puede ser el ARN del VIH libre o el ADN viral asociado a las células. Estos test permiten detectar la presencia del virus mucho antes que con otro tipo de prueba, siendo habitual que su periodo ventana sea únicamente de 10 a 33 días tras la exposición al virus.

Como ya se ha indicado anteriormente, en la actualidad los CDC recomiendan el uso tanto del inmunoensayo de diferenciación como de test de ácidos nucleicos para confirmar la infección en un paciente y el tipo de virus (VIH-1 o VIH-2) que lo infecta.

Test de seguimiento

Una vez confirmado el diagnóstico de infección por el VIH, es importante hacer un seguimiento de la progresión de la infección, con el fin de monitorear la salud del paciente, determinar la eficacia del tratamiento recibido y prevenir la transmisión del virus. Para lograr estos objetivos, las dos herramientas utilizadas son el recuento de células CD4 y la determinación de la carga viral.

En el primer caso, el recuento de células CD4, como se ha mencionado en otros capítulos, los linfocitos T o células CD4 son las encargadas de coordinar el sistema inmune. La destrucción de estas células por parte del VIH provoca un debilitamiento de este sistema dejando al organismo a merced de numerosas enfermedades oportunistas. El recuento de células CD4 se ha empleado durante años para determinar el momento adecuado para el inicio del tratamiento frente al VIH. El rango normal de estas células en una persona sana es de 500 a 1600 células/mm^3 y, de manera general, si este recuento caía por debajo de 500 células/mm^3 se recomendaba el inicio del tratamiento. Esta pauta fue modificada en 2013 ante la evidencia de que un inicio más temprano del tratamiento conlleva un mejor pronóstico para la persona infectada y evita la transmisión del virus. En la actualidad, la OMS recomienda el inicio del tratamiento lo antes posible tras un diagnóstico positivo, independientemente del recuento de células CD4. Sin embargo, el recuento de células CD4 sigue siendo útil para monitorizar la progresión de la infección.

En el segundo caso, otro método complementario para evaluar la progresión de la infección por el VIH es la determinación de la carga viral. Esta y el número de células CD4 presentan una relación inversa: a mayor carga viral, menor número de células CD4 y viceversa. De esta manera, una carga viral baja en una persona en tratamiento indica que está siendo efectivo, mientras que una carga viral alta indica que o bien la medicación no está siendo eficaz o bien el virus ha desarrollado resistencia hacia dicho tratamiento. Con las terapias actuales es posible reducir la carga viral a niveles tan bajos que no sea posible su detección, y se habla así de carga viral indetectable.

Existen diferentes técnicas que permiten medir la carga viral en un paciente. Entre ellas, las más comunes son la reacción en cadena de la polimerasa con transcriptasa inversa (RT-PCR), el ensayo de ADN ramificado cuantitativo (bDNA) y la amplificación mediada por transcripción (TMA).

Test de detección de resistencias

Tal y como se comenta en el capítulo anterior, el VIH presenta una alta capacidad de mutación que tiene como resultado final la aparición de resistencias a los fármacos antirretrovirales. La transmisión de estos virus mutados entre la población puede dar lugar a que un paciente recién infectado lo esté por una cepa de virus resistente a alguno de los fármacos disponibles para uso clínico. Esta posibilidad hace que sea de gran importancia la determinación de las posibles resistencias a fármacos antes del inicio del tratamiento, a fin de seleccionar la terapia inicial más adecuada para ese paciente. Asimismo, la caracterización de las mutaciones presentes en el virus a lo largo del tratamiento contribuye al seguimiento de la eficacia del mismo, y en situaciones de fracaso terapéutico por la aparición de resistencias a los fármacos utilizados, sugiere la conveniencia de modificar el cóctel de fármacos en el tratamiento.

En la actualidad, los distintos test de detección de resistencias se pueden englobar en dos tipos de ensayos: el genotípico y el fenotípico.

En el ensayo genotípico se analiza el ARN circulante en el plasma, de la cepa de VIH que infecta a un determinado paciente, para determinar si existen mutaciones significativas en dicho ARN. Dichas mutaciones se han ido estudiando a lo largo de los años y en la actualidad existen grandes bases de datos donde se recogen aquellas responsables de las resistencias[2].

También es posible estudiar las potenciales mutaciones que se encuentren en el ADN proviral. En el genotipado de ADN proviral se evalúa el ADN viral asociado a la célula. Este tipo de ensayo permite detectar mutaciones en el genoma viral incluso cuando la carga vírica es baja o se encuentra por debajo del límite de detección.

Por su parte, en los ensayos fenotípicos se determina la capacidad del virus para replicarse en presencia de distintas concentraciones de antirretrovirales. Para ello se cultiva en el laboratorio la cepa viral, presente en un paciente, y se determina las concentraciones inhibitorias 50 (IC50) o 90 (IC90) para cada fármaco, es decir, la dosis de fármaco necesaria para inhibir al 50% (o al 90%) la replicación viral. Los resultados obtenidos se comparan con los datos encontrados para los mismos fármacos frente a la cepa salvaje (sin mutaciones). Un valor de IC50 mayor en la cepa proveniente del paciente comparada con la cepa salvaje indica que dicha cepa presenta resistencias hacia ese medicamento.

De manera general, el ensayo fenotípico es más fiable a la hora de determinar resistencias a fármacos, pero es más complicado, más caro y requiere más largos periodos de tiempo y personal especializado para su realización que los ensayos genotípicos. Por ello, los ensayos genotípicos son los de primera elección al inicio del tratamiento y los fenotípicos se reservan a personas que han estado sometidos a tratamiento y tienen patrones de resistencia a los medicamentos más complicados (un gran número de mutaciones en el genoma viral), o para la realización de ensayos clínicos con nuevos fármacos.

---

2. Puede visitarse, por ejemplo, la base de datos de la Universidad de Stanford, en https://hivdb.stanford.edu/.

CAPÍTULO 3

Fármacos antirretrovirales aprobados para el tratamiento de la infección por el VIH

A día de hoy no existe una cura para la infección por el virus de inmunodeficiencia humana. Sin embargo, los grandes avances surgidos desde su aparición tanto en lo que respecta a los test diagnósticos y el control de la infección, como en los tratamientos, han permitido que la enfermedad pase de ser mortal a ser crónica y controlable, al menos en los países desarrollados. Gracias a los tratamientos, la esperanza de vida de las personas seropositivas, tratadas de inmediato y con buen acceso a la atención médica, es similar a la de las personas sanas no infectadas.

Como ya se ha comentado, el primer agente antirretroviral aprobado en 1987 para el tratamiento de la infección por el VIH fue el AZT o zidovudina. Este fármaco es un inhibidor nucleosídico de la transcriptasa inversa del VIH y tuvo un gran impacto en la progresión clínica de la enfermedad. Sin embargo, no todo fue positivo, ya que el desarrollo de resistencias, junto con los efectos secundarios indeseados, indicaron la necesidad de seguir investigando con el fin de obtener nuevos agentes antirretrovirales más seguros, eficaces y con menos efectos secundarios.

Se han desarrollado y aprobado para su uso clínico más de 30 fármacos para el tratamiento de la infección por el VIH, que se clasifican dependiendo de su modo de acción y de la fase del ciclo replicativo del virus en la que ejercen su acción. Las distintas fases del ciclo replicativo (descritas en detalle en el capítulo 2) han sido utilizadas por los investigadores como dianas terapéuticas para el diseño y desarrollo de inhibidores de la replicación del virus. Además, muchas de esas investigaciones han llegado a buen puerto, como veremos a continuación.

Inhibidores de la replicación del VIH

Inhibidores de entrada

Los inhibidores de entrada, junto con los de fusión, son los únicos fármacos que impiden que el virus infecte una nueva célula. En los primeros pasos del ciclo replicativo, el VIH utiliza la glicoproteína de la superficie viral gp120. Esta glicoproteína, altamente glicosilada, adopta dos estados conformacionales distintos: uno cerrado, que protege al virus de la acción del sistema inmunitario gracias al escudo de azúcares que defiende al antígeno, evitando así la acción de los anticuerpos, y otro abierto, que permite la unión al receptor celular CD4 y posteriormente a los correceptores de quimiocinas CCR5 o CXCR4.

Actualmente existen en el mercado tres inhibidores que actúan en distintas etapas del proceso de entrada: el fostemsavir, el ibalizumab (Trogarzo®) y el maraviroc (Sustiva®, Celsentri® o también Atripla). El fostemsavir (aprobado en 2020 por la FDA) interacciona con la gp120 impidiendo que esta proteína adopte la conformación abierta. Por su parte, ibalizumab (Rukobia®, aprobado en 2018), un anticuerpo monoclonal IgG4 humanizado, se une a los receptores CD4 de manera que impide el cambio conformacional que se produce en la gp120 tras unirse a estos. Finalmente, el maraviroc (primer inhibidor de entrada, aprobado en 2007) interacciona con los correceptores CCR5 bloqueando la unión de la gp120 a los mismos. Cualesquiera de estas rutas de inhibición impide el mecanismo del virus para acercar las membranas celular y viral, y por tanto la entrada del virus a la célula.

Inhibidores de fusión

Siguiendo con el proceso de entrada del virus en la célula, el siguiente paso consiste en la fusión de las membranas celular y viral. En este proceso está implicada la proteína gp41. Una vez que la gp120 está unida a los receptores y correceptores celulares, la gp41 experimenta un cambio conformacional, permitiendo su inserción en la membrana celular, creándose un poro por el que se introduce la cápside viral en el citoplasma. Los inhibidores de fusión se unen a esta proteína bloqueando dicho cambio conformacional, interrumpiendo el proceso de fusión y evitando así la entrada del virus a la célula.

En la actualidad solo existe un fármaco aprobado que actúa mediante este mecanismo: la enfuvirtida o T20 (Fuzeon®, el primer fármaco aprobado dentro de este grupo en 2003). Estructuralmente, la enfuvirtida es un péptido sintético de 36 aminoácidos que no puede ser administrado por vía oral, dado que se descompone en el tracto digestivo, y debe ser administrado mediante inyección subcutánea.

Inhibidores nucleosídicos de transcriptasa inversa (INTI) del VIH

La siguiente diana biológica que nos encontramos en el ciclo replicativo del VIH es la transcriptasa inversa. Debido a su asociación única a los retrovirus, esta enzima fue considerada una de las dianas más atractivas para el diseño de inhibidores selectivos frente al VIH. La enzima cataliza un proceso esencial y exclusivo del virus: la transformación del genoma viral, en forma de ARN, en una doble hélice de ADN proviral, proceso que se conoce como retrotranscripción. Un primer grupo de inhibidores selectivos de esta enzima son los INTI. A este grupo pertenecen los 2',3'-didesoxinucleósidos aprobados para uso clínico en el tratamiento de la infección por VIH tales como la zidovudina (AZT) la didanosina (ddI), la zalcitabina (ddC), la lamivudina (3TC), la estavudina (d4T), el abacavir (ABC), la emtricitabina (FTC), el efavirenz (EFV) y la rilpivirina (RPV).

Como su propio nombre indica, son compuestos de estructura nucleosídica que se diseñaron como miméticos del sustrato natural de la enzima, los nucleótidos de timidina, citidina, adenosina y guanosina. Para ejercer su acción antiviral, estos nucleósidos necesitan ser fosforilados por acción de las quinasas celulares a los correspondientes nucleósidos trifosfatos (nucleótidos), los cuales pueden actuar mediante dos mecanismos: como inhibidores competitivos con respecto al sustrato natural o como sustratos alternativos "engañando" a la enzima, incorporándose a la hebra de ADN viral en crecimiento. Sin embargo, a diferencia de los nucleótidos endógenos, los INTI carecen del grupo hidroxilo en posición 3' necesario para continuar la elongación de la secuencia mediante formación del enlace 5' → 3' fosfodiéster, deteniendo así su síntesis y en última instancia la replicación viral. Es decir, los INTI actúan como terminadores de cadena.

Hagamos un pequeño inciso para comentar qué son un nucleótido y un nucleósido. Los nucleótidos son moléculas pequeñas sintetizadas por todos los organismos vivos, que están formadas por la unión de tres elementos: una base nitrogenada, un azúcar simple (generalmente un anillo de pentofuranosa) y uno o más grupos fosfato. La parte del nucleótido formada únicamente por la base nitrogenada y el azúcar se denomina nucleósido.

Como acabamos de mencionar, para ejercer su acción antiviral, los INTI requieren, en primer lugar, ser trifosforilados para dar lugar a los nucleótidos activos que son reconocidos por la transcriptasa inversa e incorporados a la cadena de ADN en crecimiento. Para dicha fosforilación, los INTI utilizan las rutas de síntesis de los nucleótidos endógenos del huésped. Dado que los distintos INTI son análogos de nucleótidos específicos, cada uno de los fármacos utiliza diferentes rutas metabólicas para dar lugar al correspondiente derivado trifosforilado. Las diferentes vías de activación de los nucleósidos a los correspondientes trifosfatos (nucelótidos) requieren de varios pasos, alguno de los cuales puede actuar como paso limitante de la velocidad de formación del fármaco activo (nucleótido) a partir del profármaco (nucleósido). Por ejemplo, en el caso de la activación del AZT y d4T, este paso limitante es la primera fosforilación al correspondiente 5'-monofosfato, catalizada por la enzima timidina quinasa.

FIGURA 7
INTI: nucleósidos, nucleótidos, fosfonatos de nucleósidos acíclicos y su modo de interacción con la transcriptasa inversa del VIH.

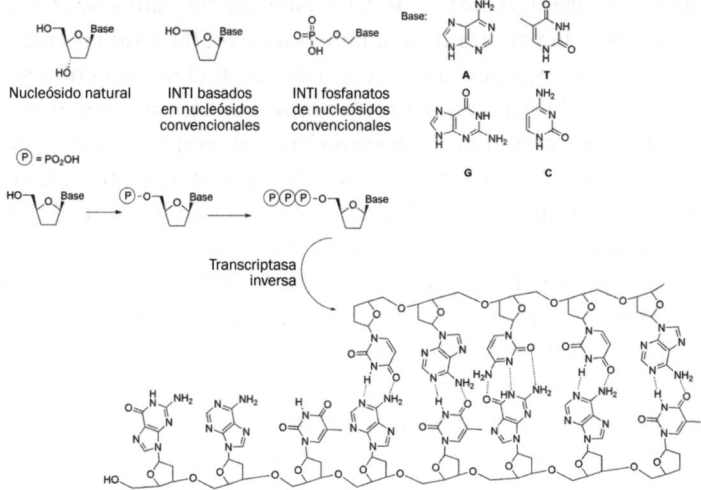

FUENTE: ELABORACIÓN PROPIA.

Aunque la mayoría de los INTI tienen una estructura de nucleós(t)idos convencionales en la que están presentes tanto una nucleobase como un anillo de azúcar, existe un segundo grupo de INNTI, los fosfonatos de nucleósidos acíclicos, uno de cuyos ejemplos más representativos es el tenofovir. En esos derivados, el anillo de azúcar ha sido sustituido por una cadena abierta en cuyo extremo terminal se encuentra un grupo fosfonato. Este tipo de nucleósidos acíclicos se diseñaron para "saltar" el primer paso de fosforilación por las quinasas que, como se ha mencionado, es el paso limitante en muchos compuestos en su activación a los trifosfatos.

Se utiliza un grupo fosfonato en lugar de un fosfato porque este último se degrada fácilmente por acción enzimática. Los fosfonatos son mucho más estables y no se degradan por acción de las enzimas. Estos derivados presentan ciertas diferencias durante su activación por el metabolismo celular para ejercer su acción terapéutica. El hecho de incorporar un grupo fosfonato, similar al grupo fosfato, evita el primer paso de fosforilación que debería llevar a cabo la timidina quinasa, que es el paso limitante de fosforilación de algunos de los INTI. Pero la presencia del grupo fosfonato hace que el compuesto no pueda ser utilizado como tal en el tratamiento, ya que, al ser el fármaco una molécula cargada, no atraviesa las membranas celulares. Este hecho se solucionó mediante la preparación de profármacos que enmascaran la presencia de dicho fosfonato. Así, el TDF y el TAF son ésteres de fosfonato que necesitan convertirse en tenofovir antes de ser difosforilados (recordemos que el tenofovir ya tiene un fosfonato).

Desde su aparición en 1987, los INTI se convirtieron en parte fundamental de los tratamientos de primera línea, es decir, integrantes en el primer cóctel de fármacos que se prescribe a una persona infectada por el virus. A día de hoy, existen numerosos fármacos pertenecientes a este grupo y siguen siendo muy importantes en la terapia antirretroviral.

Inhibidores no nucleosídicos de transcriptasa inversa (INNTI, inhibidores alostéricos)

Al igual que en el caso anterior, los INNTI inhiben la replicación del VIH mediante la inhibición de la enzima transcriptasa inversa. Sin embargo, en este caso, estos derivados no actúan en el centro activo de la enzima, sino que se unen a un bolsillo, un sitio alostérico, que se encuentra aproximadamente a unos 10 Å del centro activo de la enzima, inhibiendo la transcripción. Un inhibidor alostérico es aquel que se une en un lugar diferente al centro activo de la enzima, provocando un cambio conformacional en esta, resultando en una disminución de su actividad.

La unión de los INNTI a un sitio alostérico tiene dos consecuencias. Por un lado, al no unirse al centro activo, estos fármacos presentan una diversidad estructural mucho mayor que en el caso de los INTI, dado que no se basan en la estructura de los nucleósidos endógenos. A pesar de su diferencia estructural, todos los INNTI presentan una conformación similar en forma de *mariposa* o *U* con un núcleo central y dos *alas*. Una segunda diferencia es que estos compuestos son mucho más selectivos que los INTI y se unen de manera altamente específica a este sitio alostérico. Esta especificidad hace que los INNTI presenten, en general, menos efectos secundarios que los INTI. Sin embargo, las mutaciones dentro o cerca del sitio alostérico reducen drásticamente la eficacia de estos fármacos y se ha observado un número creciente de cepas de VIH-1 resistentes a los INNTI.

El primer fármaco de esta familia, la nevirapina, surgió en el año 1996. Desde entonces, los INNTI fueron parte fundamental de las primeras terapias frente al VIH. No obstante, en los últimos años, la prevalencia de cepas virales resistentes a los INNTI en pacientes sin tratamiento previo y la baja barrera de estos medicamentos para el desarrollo de resistencia han hecho que estén siendo desplazados de la primera terapia por otras familias de fármacos.

Inhibidores de integrasa (INSTI)

Una vez que el genoma viral ha sido replicado por la transcriptasa inversa entra en juego la integrasa del VIH, que integra el ADN del mismo en el ADN celular. Este proceso tiene dos etapas. En un primer lugar, la enzima escinde dos o tres nucleótidos del extremo 3' del ADN viral, y a continuación se produce la reacción de transferencia de cadena, donde el ADN viral se une covalentemente al ADN celular. Todos los INSTI actúan en la segunda etapa.

Para lograr este objetivo, los INSTI tienen una estructura que presenta tres heteroátomos adyacentes capaces de interactuar con iones divalentes Mg^{2+} que se encuentran en el centro activo de la enzima. Asimismo, los INSTI presentan un grupo halobencilo que interactúa con el ADN viral.

Los primeros intentos de desarrollar este tipo de inhibidores se remontan a 1996. Sin embargo, hubo que esperar hasta 2007 para que el primer fármaco de esta familia fuera aprobado para uso clínico: el raltegravir. Este fármaco y el elvitegravir constituyen la primera generación de INSTI. No obstante, la baja barrera de ambos frente al desarrollo de resistencias impulsó la búsqueda de nuevos medicamentos de segunda generación. En la actualidad los inhibidores de integrasa de segunda generación (dolutegravir, bictegravir y cabotegravir) forman parte de los tratamientos antirretrovirales tanto de primera como de segunda línea.

Inhibidores de proteasa (IP)

La siguiente enzima del ciclo replicativo del VIH que ha sido utilizada como diana terapéutica es la proteasa del virus. Cuando el VIH genera las nuevas proteínas, lo hace en forma de una larga secuencia peptídica. La proteasa se encarga del procesado de estas poliproteínas, dividiéndolas y cortándolas para dar lugar a las distintas proteínas víricas. Estructuralmente, la proteasa del VIH está formada por dos subunidades simétricas que al unirse en forma de homodímero dan lugar a la formación de un sitio activo. Este homodímero existe en un equilibrio dinámico entre dos formas conformacionales: una abierta y otra cerrada. Cuando se une un sustrato, la proteasa adopta una conformación cerrada, donde dicho sustrato se aloja en una cavidad e interactúa en el centro activo. Mientras que, en ausencia del sustrato, la proteasa modifica su estructura para dar lugar a una conformación abierta. Esta dinámica permite que el sustrato entre y salga del sitio activo y es importante para el reconocimiento de los sitios de escisión de los sustratos proteicos y su ruptura ordenada. Los IP son inhibidores competitivos, es decir, compiten con el sustrato natural, se unen al sitio activo de la proteasa en una conformación cerrada y mantienen la enzima en un estado bloqueado, impidiendo el procesamiento de sustratos.

El primer inhibidor de proteasa surgió en el año 1995 y constituyó la segunda clase de fármacos en llegar al mercado para el tratamiento del VIH, tras la aparición de los INTI. Desde el principio, los IP han formado parte de la terapia antirretroviral de alta eficacia en terapias de primera línea. Sin embargo, los efectos secundarios asociados a este tipo de inhibidores han provocado que poco a poco hayan sido relegados de estas primeras terapias por otras familias de inhibidores, y actualmente se usan principalmente en terapias de segunda línea cuando los pacientes han sufrido un fracaso terapéutico.

Inhibidores de la cápside

Los inhibidores de cápside son el último tipo de inhibidores del VIH que han llegado al mercado. En la actualidad solo hay un representante de esta familia: el lenacapavir.

La cápside viral es parte de la estructura del VIH y encierra en su interior el material genético y distintas proteínas y enzimas víricas. Está compuesta por una red de monómeros de proteína p24 que se distribuyen formando aproximadamente 200 hexámeros y 12 pentámeros en los vértices altamente curvados. El lenacapavir se une a dos subunidades vecinas de la cápside y estabiliza dicha red. Esta estabilización entorpece la liberación del material genético durante la ruptura de la cápside viral. Además, la presencia de lenacapavir también afecta durante el proceso de maduración viral.

Este fármaco puede acelerar el proceso de formación de la nueva cápside viral de forma que se producen errores estructurales durante su ensamblaje. Es decir, el hecho de que el lenacapavir actúe mediante la estabilización de la cápside viral hace que este fármaco funcione en dos etapas distintas del ciclo replicativo del virus: la liberación de la cápside y la formación de las nuevas cápsides.

Potenciadores farmacocinéticos (PK)

Junto con los fármacos antirretrovirales propiamente dichos, los potenciadores farmacocinéticos también se incluyen en algunos regímenes de tratamiento del VIH. Estos compuestos funcionan aumentando la eficacia de otros fármacos, normalmente pertenecientes a las clases de inhibidores de la integrasa o inhibidores de la proteasa. Cuando en una terapia combinada dos o más fármacos se usan a la vez, en algunas ocasiones es necesario que uno de ellos permanezca en el cuerpo más tiempo a una determinada concentración. Los PK interfieren con la degradación de estos fármacos para lograr este objetivo. Actualmente existen dos PK en el mercado: el ritonavir y el cobicistat. Estos compuestos actúan inhibiendo una enzima en el cuerpo humano que ayuda a descomponer los medicamentos y otras moléculas para que puedan eliminarse: el citocromo P450-3A4 (o CYP3A4). Al evitar que la enzima haga su trabajo, aumenta la concentración y la eficacia de otros fármacos antirretrovirales. La CYP3A4 no es la única enzima humana encargada de degradar los distintos fármacos u otros compuestos, pero sí está relacionada con la degradación de algunos inhibidores de la integrasa (elvitegravir) y de la proteasa (atazanavir y darunavir).

Si bien es cierto que el ritonavir se desarrolló como inhibidor de la proteasa del VIH, estudios posteriores han demostrado que también inhibe el citocromo P450-3A4. Hoy día raramente se emplea por su propia actividad antiviral, sino que sirve como refuerzo para otros inhibidores de la proteasa[3].

Tratamiento de la infección por el VIH

Cuando se inicia la terapia en pacientes infectados por el VIH, los principales objetivos terapéuticos son la supresión

---

3. En el anexo I, al final de este capítulo, se recogen todos los fármacos aprobados para el tratamiento de la infección por el VIH.

de la carga viral de forma duradera, la recuperación o mantenimiento del sistema inmune y la mejora de la calidad de vida, lo que permitirá la reducción de la morbilidad y mortalidad relacionadas con este virus. Estos objetivos han sido constantes a lo largo del tiempo, pero la forma de alcanzarlos ha ido variando a medida que se ha ido logrando, mediante la investigación clínica, un mejor conocimiento del VIH y de las formas de combatirlo. El primer fármaco aprobado para la lucha contra el VIH fue la ziduvidina (AZT) en 1987. Sin embargo, pronto se comprobó que la mejoría observada en pacientes que tomaban AZT revertía con el tiempo, y estos comenzaban a mostrar niveles crecientes de cepas virales resistentes a este medicamento. Con la llegada de nuevos antirretrovirales al mercado se pasó de la monoterapia a la monoterapia secuencial. Esta consistía en el uso, de forma secuencial, de dos fármacos antirretrovirales diferentes para tratar la infección: se administraba un único fármaco, durante un periodo de tiempo determinado, para cambiar a otro cuando se producía resistencia al primero o se observaba fallo terapéutico. El objetivo de esta estrategia era aprovechar al máximo la eficacia de cada fármaco en diferentes momentos del tratamiento y retrasar el desarrollo de resistencias. Desafortunadamente, se observó nuevamente el rápido desarrollo de resistencias a los fármacos individuales. Además, el empleo de un solo antirretroviral aumentaba el riesgo de que la carga viral del paciente no se suprimiera adecuadamente, lo que podría llevar a una progresión más rápida de la enfermedad y a un mayor riesgo de transmisión del virus. Todo esto hizo que se exploraran otras alternativas de tratamiento.

Otra estrategia de los primeros años fue la terapia dual con INTI. Esta estrategia se basaba en la idea de que la combinación de dos INTI podría llevar a una supresión adecuada de la replicación del VIH y a retrasar el desarrollo de resistencias. Los medicamentos INTI más comúnmente utilizados en la terapia dual incluían zidovudina (AZT), lamivudina (3TC), didanosina (ddI, que ya no se utiliza), estavudina (d4T) y abacavir (ABC). La aparición de antirretrovirales que actuaban frente a dianas diferentes como los IP y los INNTI sustitiyó esta estrategia por la conocida como terapia antirretroviral de alta eficacia (TARGA), que consistía en combinar tres antirretrovirales, bien dos inhibidores nucleosídicos de transcriptasa inversa (INTI) y un inhibidor de proteasa (IP), o bien dos inhibidores nucleosídicos de transcriptasa inversa (INTI) y un inhibidor no nucleosídico de transcriptasa inversa (INNTI). Esta combinación de fármacos demostró ser más efectiva y duradera que la terapia dual y se convirtió en la estrategia estándar para el tratamiento del VIH, que sigue utilizándose con diferentes combinaciones de antirretrovirales. Por otro lado, el empleo de la TARGA ha permitido reducir la dosis de cada fármaco que debe tomar un paciente para poder inhibir la replicación del VIH, lo que se traduce en una menor toxicidad y menos efectos secundarios.

Hoy en día, aunque la terapia antirretroviral triple (TARGA) ha sufrido modificaciones con el tiempo, mantiene su éxito y eficacia, ya que la mayoría de los pacientes en este tipo de tratamiento muestra una carga viral "indetectable", lo que ha permitido y permite que las personas infectadas por el VIH, en tratamiento, tengan una esperanza de vida similar a la de las personas no infectadas.

En la actualidad, con más de dos docenas de fármacos aprobados para el tratamiento del VIH pertenecientes a siete familias distintas, la elección de la combinación adecuada para un tratamiento apropiado para un paciente concreto no siempre es sencilla. Factores como posibles resistencias presentes en la cepa viral que infecta al paciente, los efectos adversos de los fármacos, otras patologías del paciente (como hepatitis B o C) o incluso la edad o un embarazo deben ser tenidas en cuenta por los médicos a la hora de diseñar cada terapia. En el caso de embarazo, es importante que la madre reciba un tratamiento para prevenir la transmisión del virus al feto, lo que se conoce como transmisión vertical, pero es necesario evitar el uso de determinados antirretrovirales que se han asociado con efectos adversos para el nonato. También hay que tomar en consideración el tipo de VIH con el que ha sido infectado el paciente, dado que los INNTI no tienen actividad frente al VIH-2.

Finalmente, otro punto a valorar en la elección del cóctel adecuado de fármacos son las posibles resistencias a los fármacos que pueda desarrollar el paciente en un futuro, y que estarán directamente relacionadas con el cóctel de fármacos elegido. En este punto, las denominadas resistencias cruzadas juegan un papel importante. Se conocen como resistencias cruzadas a aquellas que son comunes a varios fármacos con un mecanismo de acción similar. Así, si por ejemplo se utiliza un tratamiento inicial basado en el uso de 3 INTI en tratamientos ahorradores de IP y INNTI, estos últimos se pueden reservar para un régimen posterior en el caso de que ocurra un fallo terapéutico o aparezcan resistencias.

Para facilitar esta toma de decisiones en el diseño de las terapias, distintas organizaciones, como la OMS, publican guías basadas en la evidencia científica actualizada y en la experiencia clínica de expertos en el campo del VIH/sida[4]. Estas guías proporcionan recomendaciones específicas sobre el diagnóstico, el tratamiento y el manejo de la infección por VIH en diferentes grupos de edad, teniendo en cuenta factores como la eficacia de los medicamentos, los perfiles de seguridad, las interacciones medicamentosas, el embarazo y las consideraciones psicosociales. Dado que estas recomendaciones se basan en datos actualizados, es fácil entender que han ido cambiando con el tiempo. De manera general, durante años, la primera terapia se ha basado en la utilización de dos INTI combinados con un INNTI o un IP. Pero en 2018 las distintas evidencias acumuladas hicieron que se incluyeran los INSTI en los tratamientos de primera línea.

Conviene puntualizar que estas guías solo proporcionan recomendaciones generales para ayudar a los médicos a diseñar el tratamiento adecuarse, pero cada caso debe evaluarse de manera individual y adecuarlo a las distintas necesidades y características del paciente. Asimismo, hay que tener en cuenta

---

4. Puede verse en https://lc.cx/aIICqj.

que en la tabla 2 se recogen las recomendaciones generales de la OMS. Estas recomendaciones son adaptadas en los distintos países. Un ejemplo de estas variaciones son las recogidas en España por GeSIDA, sociedad científica sin ánimo de lucro y constituida por profesionales españoles relacionados con el estudio del VIH y patologías relacionadas, que recomienda, como primer régimen de tratamiento para adultos, estas combinaciones: BIC/FTC/TAF, DTG/ABC/3TC, DTG+FTC/TAF o DTG/3TC.

Tabla 2

Recomendaciones actuales de la OMS para el primer y segundo régimen de tratamiento

POBLACIÓN	PRIMER RÉGIMEN DE TRATAMIENTO	SEGUNDO RÉGIMEN DE TRATAMIENTO
Adultos y adolescentes	TDF + 3TC (o FTC) + DTG	AZT + 3TC + ATV/r (o LPV/r)
	TDF + 3TC (o FTC) + EFV (o NVP)	AZT + 3TC + DTG
	AZT + 3TC + EFV (o NVP)	TDF + 3TC (o FTC) + DTG
Niños y bebés	ABC + 3TC + DTG	AZT + 3TC + LPV/r (O ATV/rf)
	ABC (o AZT) + 3TC + LPV/r	AZT (o ABC) + 3TC + DTG
	ABC (o AZT) + 3TC + EFV	AZT (o ABC) + 3TC + DTG
	AZT + 3TC + NVP	ABC + 3TC + DTG

Fuente: Elaboración propia.

A pesar de los éxitos de la terapia triple combinada, no se ha descartado del todo la posibilidad de volver en un futuro a la terapia dual. Pese a los logros de la TARGA, siguen existiendo algunos problemas que resolver. Al ser una terapia de por vida, la toxicidad a largo plazo, las posibles interacciones con otros fármacos (a medida que envejecen, las personas infectadas por VIH pueden presentar comorbilidades crecientes), así como la adherencia a la terapia pueden llegar a ser un problema. Si se lograra disminuir el número de medicamentos que debe tomar un paciente, manteniendo la eficacia del tratamiento, se podrían reducir estas complicaciones. A medida que se desarrollaron nuevos fármacos antirretrovirales más eficaces y con alta barrera de resistencia se consideró viable la posibilidad de volver a los tratamientos duales.

En el año 2000 se iniciaron distintos estudios clínicos a fin de diseñar una terapia dual que mostrara una eficacia terapéutica comparable a la de la terapia triple. Para ello, se realizaron estudios en los que se eliminaron uno o todos los INTI del cóctel de fármacos (tratamientos ahorradores de INTI), mientras que se mantenía un IP potenciado como componente principal del tratamiento, es decir, un inhibidor de proteasa que se suministra en combinación con un potenciador farmacocinético, generalmente ritonavir. Sin embargo, estas combinaciones no resultaron tan eficaces como las terapias triples.

No obstante, el empleo de un IP de segunda generación potenciado (lopinavir/ritonavir, LPV/r) combinado con 3TC (INTI) se convirtió en el primer tratamiento dual con una eficacia similar a la de la terapia triple. Desde entonces se han llevado a cabo diversos estudios basados en la utilización de IP de segunda generación potenciados o de INSTI, combinados con un segundo antirretroviral. En 2019, Dovato se convirtió en el primer régimen dual en el mercado para el tratamiento del VIH. Dovato es una píldora que combina dolutegravir y lamivudina, que requiere una única dosis diaria. Desde entonces, otras combinaciones duales han llegado al mercado.

La elección de la terapia dual en lugar de la terapia triple debe basarse en una evaluación exhaustiva y en la consideración de los factores individuales de cada paciente. La terapia dual puede ser menos eficaz en la supresión viral y presenta un mayor riesgo de desarrollo de resistencia si no se selecciona y administra adecuadamente. Por tanto, cualquier decisión para utilizar una terapia dual debe ser realizada por un médico especialista en VIH y debe basarse en un análisis exhaustivo de los beneficios y riesgos para cada paciente en particular.

Tratamiento de la infección por el VIH-2

Los distintos fármacos antirretrovirales que se han desarrollado frente al VIH se han centrado fundamentalmente en el VIH-1, debido a su mayor prevalencia y distribución global.

Desafortunadamente, el VIH-2 presenta algunas divergencias con respecto a la susceptibilidad a algunas familias de antirretrovirales. Este hecho se debe a las diferencias estructurales entre los dos tipos de virus en las zonas donde se unen los distintos fármacos:

- Inhibidores de entrada: dentro de este grupo de fármacos aún no se ha determinado la eficacia del maraviroc, un inhibidor de los correceptores CCR5. El VIH-2 puede utilizar distintos correceptores celulares para entrar en la célula, y a día de hoy se desconoce si existen casos de pacientes infectados por VIH-2 en los que el virus utilice únicamente este correceptor para la infección.
  Por otro lado, los datos preliminares sobre el ibalizumab parecen mostrar una actividad frente al VIH-2 similar a la del VIH-1, mientras que el fostemsavir no presenta actividad frente a VIH-2.
- Inhibidores de fusión: el VIH-2 muestra resistencia intrínseca a la enfuvirtida debido a la diversidad existente en la proteína gp41 entre ambos tipos del virus (VIH-1 y VIH-2).
- Inhibidores nucleosídicos de transcriptasa inversa (INTI): en general, esta clase de inhibidores son activos tanto frente al VIH-1 como frente al VIH-2, y constituyen la columna vertebral de los regímenes comúnmente prescritos contra el VIH-2. Son una excepción el d4T y la ddI, que no se recomiendan para el tratamiento de la infección por el VIH-2 debido a la rápida aparición de cepas de virus resistentes.
- Inhibidores no nucleosídicos de transcriptasa inversa (INNTI): el VIH-2 tiene resistencia intrínseca a este tipo de inhibidores. Si comparamos en el VIH-1 y en el VIH-2 la zona donde se unen los INNTI, se observan diferencias en seis aminoácidos que resultan en cambios estructurales entre ambos tipos de virus. Estos cambios pueden provocar la desestabilización

del bolsillo de unión, haciendo que el VIH-2 sea menos receptivo a los INNTI.

- Inhibidores de integrasa: los inhibidores de integrasa generalmente son activos frente al VIH-2.
- Inhibidores de proteasa: el VIH-2 presenta una resistencia parcial o total inherente frente a algunos de los fármacos pertenecientes a esta familia de inhibidores. A pesar de que las proteasas del VIH-1 y VIH-2 muestran una homología de aminoácidos del 39-48%, estructuralmente son muy similares en el bolsillo de unión del sustrato. Sin embargo, estas diferencias disminuyen la afinidad del virus por algunos antirretrovirales de esta familia. De los nueve IP actualmente aprobados para uso clínico, solo el lopinavir-ritonavir, darunavir y saquinavir tienen una actividad clínicamente útil contra el VIH-2, mientras que el resto muestra una potencia menor contra este virus y no se recomienda su uso.
- Inhibidores de la cápside: el lenacapavir es el último antirretroviral aprobado para al tratamiento de la infección por VIH y es el primer fármaco de esta clase de antirretrovirales. Debido a ello, aún existen pocos datos sobre su actividad frente al VIH-2. Ensayos *in vitro* indican que este fármaco parece tener efecto contra el VIH-2, aunque su potencia es menor que frente al VIH-1. Sin embargo, aún no hay ensayos clínicos en pacientes infectados con VIH-2 en referencia a este medicamento.

El problema de la adherencia

En todas las enfermedades, la adherencia a los tratamientos (seguimiento de las pautas de tratamiento por parte del paciente) es vital para su eficacia y también para evitar recaídas y la progresión de la enfermedad. En el caso de infecciones virales y bacterianas, esta adherencia también resulta importante para evitar la aparición de resistencias a los fármacos. Si nos centramos en el VIH, sin una correcta supresión viral aumenta la posibilidad de que el virus mute y desarrolle resistencia a los medicamentos antirretrovirales utilizados en el régimen de tratamiento, lo que también podría ocurrir con otros medicamentos de la misma familia (resistencia cruzada). La supresión del virus requiere que la adherencia al tratamiento sea igual o superior al 95%. Con el fin de alcanzar este resultado, los organismos de salud y las organizaciones dedicadas al VIH han mantenido a lo largo de los años programas de concienciación, asesoramiento, recursos educativos y seguimiento médico regular. Junto con estos programas, el desarrollo de nuevas terapias antirretrovirales más efectivas y tolerables para el paciente ha sido un objetivo central de los distintos proyectos de investigación.

Durante los primeros años, el tratamiento de los pacientes tanto en monoterapia como en terapia secuencial o retroviral de alta eficacia requería tomar un gran número de pastillas diarias en diferentes momentos del día, lo que dificultaba la adherencia. Por ejemplo, un paciente tratado con terapia antirretroviral de alta eficacia podía tomar hasta 20 pastillas en un día. Además, estos primeros fármacos presentaban importantes efectos secundarios. Estos dos hechos llevaron a muchas personas a abandonar el tratamiento.

A medida que se han ido desarrollando nuevos fármacos se han podido paliar algunos de los efectos secundarios más importantes. Por otro lado, la llegada de píldoras que combinaban dos o más fármacos simplificó enormemente el régimen de tratamiento. En la actualidad existen en el mercado diversas píldoras que contienen dos o tres fármacos para luchar contra la infección mediante terapia triple, y en algunos casos es posible tomar una sola pastilla diaria para controlar el virus (anexo II). En 2021 apareció en el mercado cabenuva, un inyectable que contiene cabotegravir y rilpivirine, que requiere, únicamente, una única dosis cada dos meses para controlar la replicación viral.

Estas medidas facilitan el cumplimiento del tratamiento por parte de los pacientes, reducen los errores en la toma de medicamentos y facilitan su manejo, mejorando la calidad de vida de las personas infectadas.

Interacciones farmacológicas

Algo a tener muy en cuenta durante el tratamiento de cualquier enfermedad es que la acción de un determinado fármaco puede verse afectada por la acción de otro medicamento, la alimentación o la bebida, un suplemento alimenticio, así como la presencia de otras enfermedades previas. Estas interacciones farmacológicas pueden afectar al correcto funcionamiento de un medicamento y producir efectos indeseados. Asimismo, al mejorar la esperanza de vida de las personas infectadas con VIH, a medida que aumenta la edad de las mismas es necesario prestar una mayor atención a estas interacciones, dado que el número de enfermedades concomitantes (y de fármacos que toma el paciente) tiende a aumentar con el paso de los años. Por otro lado, los antirretrovirales utilizados o el propio virus pueden interferir con procesos fisiológicos y tener impacto en la absorción, distribución o eliminación de un determinado medicamento.

Absorción

Cuando un fármaco se toma por vía oral, este es absorbido en el estómago o en el intestino delgado. Esta absorción puede verse afectada por distintos factores como el pH del estómago, la presencia de determinados cationes en el mismo o la ingesta de ciertos alimentos. Así, por ejemplo, el atazanavir y la rilpivirina ven disminuida su absorción en el estómago cuando se reduce la acidez del mismo. Por otro lado, los INSTI la ven reducida cuando se unen a productos que contienen cationes polivalentes (como calcio o magnesio), presentes en algunos suplementos alimenticios, productos de hierro o antiácidos. Así, un ejemplo de las interacciones que pueden producirse entre alimentos y fármacos es la que ocurre entre algunos inhibidores de proteasa con alimentos ricos en grasa, que aumentan la absorción de estos fármacos y, por tanto, la concentración en el organismo, lo que puede aumentar los efectos secundarios.

Metabolismo

El metabolismo de los fármacos antirretrovirales está relacionado principalmente con el sistema enzimático del citocromo P450 (CYP450) y UDP-glucuronosiltransferasa 1-1 (UGT-1A1), ambos presentes en el hígado.

En el caso del sistema enzimático P450, este es responsable del metabolismo de una amplia variedad de fármacos y su potenciación o inhibición puede alterar las concentraciones de los mismos, lo que puede resultar en una dosis inadecuada del fármaco en sangre. De esta manera, si bien la potenciación de P450 hace disminuir esta concentración, dificultando la acción del fármaco, su inhibición puede dar lugar a altas concentraciones del medicamento, aumentando el riesgo de toxicidad. Un ejemplo de ello son el efavirenz y los inhibidores de proteasa. La inducción de P450 por parte del efavirenz puede reducir los niveles de apixabán, un fármaco empleado para prevenir apoplejías o coágulos de sangre en personas que tienen fibrilación atrial. En el caso de los inhibidores de proteasa, un ejemplo de interacción es el que se produce con el midazolam. La administración concomitante de inhibidores de la proteasa puede incrementar las concentraciones de este fármaco, administrado para inducir somnolencia y aliviar la ansiedad antes de una cirugía.

En este mismo grupo de compuestos que actúan sobre P450 se encuentran los potenciadores farmacocinéticos de los que ya hemos hablado anteriormente y que se emplean para aumentar la concentración de determinados fármacos antirretrovirales. En este caso, se busca la acción sobre P450 para mejorar la acción de estos medicamentos.

La enzima uridina difosfato glucuronosiltransferasa (UGT) 1A1 es la responsable de la conjugación de la bilirrubina y las hormonas endógenas, así como del metabolismo de algunos INSTI, por lo que su activación o inhibición afecta a la concentración de estos fármacos. Por ejemplo, el antibiótico rifampicina induce la glucuronidación, reduciendo la actividad de la integrasa.

Junto con los compuestos que actúan en el metabolismo hepático también hay que tener en cuenta aquellos que modifican los transportadores de fármacos. Al igual que en el caso anterior, algunos medicamentos pueden aumentar o disminuir la acción de estos transportadores, afectando a la concentración final del fármaco. Este es el caso de la metformina, un sensibilizante a la insulina utilizado frente a la diabetes mellitus tipo 2 y el síndrome de ovario poliquístico. El dolutegravir inhibe el transportador de cationes orgánicos, y su administración concomitante con metformina puede disminuir la eliminación de la segunda, aumentando sus niveles en sangre y su efecto.

Efectos secundarios de la terapia frente al VIH

Al igual que otros aspectos relacionados con la terapia frente al VIH, los efectos secundarios provocados por los fármacos antirretrovirales han ido evolucionando a medida que aparecían nuevos medicamentos más seguros y eficaces. En la década de los noventa, uno de los efectos secundarios más frecuentes fue la lipodistrofia, es decir, los cambios en la grasa corporal. Estas personas sufrían una pérdida de la grasa subcutánea en extremidades, cara o nalgas, además de acumulación de la misma en el abdomen, cuello o senos. Este efecto secundario se relacionó con la toma de INTI basados en timidina (AZT y d4T), así como con los inhibidores de proteasa. La aparición de nuevos INTI no basados en este nucleósido palió la situación y en la actualidad los nuevos medicamentos han hecho que la lipodistrofia no sea una preocupación para la mayoría de los pacientes. Esto no quiere decir que los nuevos antirretrovirales sean completamente seguros a corto y largo plazo, pero sí que han demostrado una reducción significativa en los efectos secundarios y en la toxicidad asociada con el tratamiento del VIH en comparación con los medicamentos antirretrovirales más antiguos.

Los efectos secundarios a corto plazo se pueden producir cuando el paciente inicia un nuevo tratamiento, ya sea al comienzo de la terapia antirretroviral o bien por el cambio a un nuevo cóctel de fármacos. Normalmente, estos efectos secundarios desaparecen al cabo de unas pocas semanas y pueden incluir fatiga, dolor de cabeza, diarrea, insomnio, etc. Actualmente, el riesgo de padecerlos es bajo y existen opciones disponibles para abordarlos, incluido el cambio de tratamiento si fuera absolutamente necesario.

En el caso de los efectos secundarios a largo plazo, al igual que en los de corto plazo, no todos los pacientes los padecen. No obstante, en el caso de producirse pueden causar problemas serios. Estos efectos incluyen la lipodistrofia (no tan frecuente y grave como en los primeros años de lucha contra el VIH), altos niveles de triglicéridos, colesterol, resistencia a la insulina, daño en el hígado, etc. El abordaje de los daños producidos por el tratamiento dependerá de la naturaleza del mismo. A veces es posible revertir estos efectos con algún medicamento o incluso haciendo algún cambio en el estilo de vida del paciente, por ejemplo en la dieta, en el caso de problemas gastrointestinales. En otras ocasiones puede ser necesario el cambio del cóctel de antirretrovirales.

Junto con los distintos efectos secundarios, el uso de determinados medicamentos puede dar lugar al desarrollo de hipersensibilidad o una reacción alérgica grave en algunos pacientes. Entre los distintos antirretrovirales contra el VIH, los que presentan una mayor probabilidad de provocar el desarrollo de una reacción alérgica son el abacavir y la nevirapina. Existen, asimismo, otros fármacos que pueden dar lugar a este tipo de reacciones, como el efavirenz, el maraviroc o el raltegravir, entre otros.

En cualquier caso, es muy importante no abandonar el tratamiento antirretroviral ni reducir la dosis de los fármacos por la aparición de efectos secundarios o hipersensibilidad sin consultarlo antes con un médico. Sin una adherencia apropiada al tratamiento, se crea el riesgo de desarrollar resistencias a los antirretrovirales, aumentar la carga viral y por tanto el riesgo de transmisión a otros individuos.

Resistencias a los fármacos

La aparición de resistencia a los fármacos es un motivo de preocupación común cuando se habla de enfermedades infecciosas, ya sean víricas o bacterianas. En el caso del VIH, esta preocupación se vuelve aún más relevante debido a las características del virus y a que es una enfermedad que puede considerarse crónica. En realidad, las resistencias a fármacos son una de las causas más frecuentes de fracaso terapéutico y, a medida que estas aumentan, las opciones de tratamiento se limitan y se vuelven menos eficaces, dificultando el manejo de la infección. Existen tres formas de desarrollar resistencias a los fármacos:

1. Resistencia adquirida: la concentración de medicamentos antirretrovirales en el cuerpo es fundamental para inhibir la replicación del VIH de manera efectiva. Si los niveles de los distintos fármacos son insuficientes, la carga viral puede aumentar a niveles subóptimos, dando la posibilidad al virus de mutar. Los principales factores que contribuyen a elevar la carga viral son una adherencia no adecuada al tratamiento, las interacciones farmacológicas con otros fármacos o una mala absorción de algunos de los antirretrovirales presentes en el cóctel de fármacos empleado en el tratamiento.
2. Resistencia transmitida: a medida que ha ido aumentado la cantidad de cepas resistentes a los fármacos antirretrovirales se ha observado un incremento en la transmisión de estas cepas a otros individuos. La resistencia transmitida puede ocurrir cuando una persona infectada con una cepa de VIH resistente transmite

dicho virus a otra persona. Según el último informe de la OMS[5], se estima que hasta un 10% de las personas recién infectadas por el virus portan cepas resistentes a INNTI. Este aumento en la transmisión de cepas resistentes es la principal razón por la que se ha producido la transición de los tratamientos de primera línea hacia tratamientos basados en dolutegravir, un inhibidor de integrasa, en sustitución de los INNTI en los cócteles de fármacos. También se ha detectado la transmisión de cepas de virus resistentes a INTI y, en menor medida, a IP. En el caso de los inhibidores de integrasa, la transmisión de cepas resistentes es rara de momento.

3. Resistencia asociada al uso de PrEP: la profilaxis preexposición (PrEP), que se comentará después, es una estrategia de prevención del VIH que implica el uso de medicamentos antirretrovirales por parte de personas no infectadas y que están en alto riesgo de contagiarse. Consiste en el uso regular de medicamentos antirretrovirales para reducir la posibilidad de infección por VIH en caso de exposición al virus. Aunque la PrEP ha demostrado ser capaz de reducir significativamente el riesgo de adquirir el VIH, no es infalible. Si una persona se infecta con VIH y sigue tomando la PrEP, existe un riesgo significativo de que el virus desarrolle resistencia a los medicamentos antirretrovirales utilizados. Esto se debe a que la terapia PrEP tiene una menor capacidad de controlar los niveles del virus en comparación con la terapia antirretroviral de alta efectividad (TARGA), por lo que está completamente contraindicada en personas infectadas.

Junto con las mutaciones víricas, que permiten al virus escapar de la presión de los fármacos, existe un segundo tipo de mutaciones: las mutaciones menores o compensatorias, que suelen producirse una vez se han seleccionado las mutaciones

---

5. Véase https://lc.cx/Td9lSd.

que permiten al virus escapar de la acción de los fármacos. A diferencia de estas, las mutaciones compensatorias generalmente no confieren una mayor resistencia a los antirretrovirales; en cambio, buscan restaurar parte de la capacidad replicativa que el virus ha podido perder debido a las mutaciones previas.

Otro factor que hay que tener en cuenta cuando se habla de la aparición de resistencias a los fármacos antirretrovirales es la barrera genética de cada familia de antivirales. Esta hace referencia a la cantidad de mutaciones que el VIH necesita adquirir para desarrollar resistencia a un medicamento antirretroviral en particular. Cuanto mayor sea la barrera genética, más difícil será para el virus adquirir las mutaciones necesarias para ser resistente. Una barrera genética baja significa que solo es necesario que se produzca la selección de una mutación concreta, mientras que una barrera genética alta implica que son necesarias varias mutaciones simultáneas para producir la pérdida de la actividad antiviral.

Finalmente, a la hora de hablar de resistencias a los fármacos no hay que olvidar las resistencias cruzadas. Cuando se selecciona una mutación en una proteína vírica, debido a la acción de un fármaco, esta mutación no solo puede provocar la aparición de resistencias a dicho fármaco, sino también a algún otro antirretroviral de la misma familia que actúe por un mecanismo de acción similar e incluso a todos los miembros de dicha familia, aunque el paciente nunca haya sido tratado con ellos. De esta manera, estas resistencias reducen las opciones de tratamiento efectivas para un paciente y es importante tenerlas en cuenta a la hora de diseñar un segundo régimen terapéutico.

Una vez hemos definido los distintos conceptos relacionados con las resistencias a los fármacos, vamos a explicar brevemente cómo se producen estas resistencias en cada familia de antirretrovirales[6]:

---

6. Una descripción detallada de cada una de las mutaciones asociadas a la aparición de resistencias puede encontrarse en la base de datos gratuita de la Universidad de Stanford, en https://hivdb.stanford.edu/.

- Resistencia a inhibidores de entrada: de los tres fármacos que actúan como inhibidores de entrada, la determinación de la resistencia genotípica del fostemsavir y el ibalizumab aún no está completamente definida. En el caso del maraviroc, las mutaciones que producen resistencia a este antirretroviral afectan al bucle V3 de la proteína gp120 del virus. Estas mutaciones aumentan la afinidad de gp120 por el correceptor CCR5 unido a maraviroc, y permiten la interacción entre ambas proteínas a pesar de los cambios conformacionales que se producen en CCR5 al unirse al fármaco.

- Resistencia a inhibidores de fusión: como se ha comentado, en la actualidad solo existe un fármaco que actúa inhibiendo la fusión de las membranas celular y viral: la enfurvirtida. Este presenta una barrera genética baja y solo necesita que se produzca una mutación para reducir diez veces su actividad antiviral. Las mutaciones que producen resistencia a la enfurvirtida pueden darse en dos sitios: en el de unión del fármaco y en uno alostérico. Las mutaciones en el sitio de unión del fármaco impiden la unión entre la enfuvirtida y la gp41, mientras que las mutaciones que se producen en sitios alostéricos alteran la sensibilidad de gp41 por el fármaco de formas más complejas, probablemente alterando el tropismo del correceptor, la afinidad del mismo o la cinética de fusión.

- Resistencia a inhibidores nucleosídicos de transcriptasa inversa (INTI): la aparición de resistencias a INTI puede seguir dos rutas bioquímicas diferentes. En la primera, las mutaciones ocurridas en la transcriptasa inversa permiten al virus distinguir completamente entre el sustrato natural y el fármaco, de tal manera que la enzima conserva la capacidad para reconocer los nucleótidos naturales durante la polimerización del ADN, evitando la unión del antirretroviral. Ejemplos típicos de mutaciones que funcionan por esta vía son M184I/V y K65R, tres de las mutaciones más recurrentes relacionadas con las resistencias a INTI.

La segunda ruta se relaciona con la capacidad de eliminación hidrolítica de nucleótidos llevada a cabo por la transcriptasa inversa. En este caso, las mutaciones asociadas a análogos de la timidina (conocidas como TAM) aumentan la capacidad de eliminación del INTI mediante un proceso de hidrólisis dependiente de ATP. Al eliminarse el fármaco que actúa como terminador de cadena, el virus puede continuar con la síntesis de la secuencia de ADN viral en crecimiento.

- Resistencia a inhibidores no nucleosídicos de transcriptasa inversa (INNTI): en esta familia de antirretrovirales casi todas las mutaciones asociadas a las resistencias a estos fármacos se encuentran ubicadas en la región de la transcriptasa inversa, en la que está el bolsillo alostérico al cual se unen estos compuestos. Los INNTI presentan una barrera genética relativamente baja y un alto nivel de resistencia cruzada.

- Resistencia a inhibidores de integrasa (INSTI): las mutaciones asociadas a las resistencias a esta familia de antirretrovirales se pueden localizar en dos puntos. El primero se encuentra cerca del sitio de unión del fármaco y genera cambios conformacionales en el interior del bolsillo catalítico de la enzima, es decir, el lugar al que se unen tanto el sustrato natural como el fármaco. Este cambio de conformación dificulta la unión de los antirretrovirales y disminuye significativamente su acción. El segundo punto donde se producen mutaciones se encuentra algo más alejado y parece estar relacionado con la unión de iones Mg^{2+} que la enzima necesita para llevar a cabo su función. En este caso, las mutaciones parecen modificar la disposición de estos iones de forma que afecta al modo de unión de los INSTI, dado que estos fármacos dependen parcialmente de la unión mediante quelación de los dos Mg^{2+} para funcionar correctamente.

Los primeros inhibidores de integrasa presentaban una barrera genética baja: una sola mutación podía reducir la susceptibilidad a raltegravir y elvitegravir en más de diez veces. Sin embargo, los INSTI de segunda generación fueron diseñados para tener contactos adicionales con la enzima, de forma que no solo mejoraron su potencia, sino también su barrera genética.

- Resistencia a inhibidores de proteasa (IP): las mutaciones que provocan resistencias a los IP se localizan rodeando el sitio activo de la proteasa, que también sirve como un bolsillo de unión para los fármacos, lo que afecta directamente a las interacciones entre la proteasa y el inhibidor. Estas mutaciones son a menudo perjudiciales para la replicación viral, y la mayoría de las cepas de VIH resistentes a IP requieren además la selección simultánea de otras mutaciones menores que compensan la disminución de la replicación viral ocasionada por las primeras. Este requisito de múltiples mutaciones accesorias probablemente contribuya a la alta barrera genética que presentan los IP. Sin embargo, existe resistencia cruzada entre algunos de los inhibidores que componen esta familia de antirretrovirales.

- Resistencia a inhibidores de la cápside: en la actualidad solo existe un fármaco que actúa inhibiendo la cápside viral, el lenacapavir. Fue aprobado en diciembre de 2022 y aún no se tienen suficientes datos sobre resistencias al mismo.

Es importante reseñar aquí que, en los países desarrollados, el problema de las resistencias fue muy importante en los noventa y la primera década del siglo XXI, pero actualmente, gracias a los fármacos de segunda generación que presentan una alta barrera genética, es un fenómeno muy poco frecuente y con un impacto menor en la evolución de los pacientes. Este no es el caso para los países en vías de desarrollo, donde el acceso a fármacos de última generación está más limitado.

Medicamentos aprobados por la FDA contra el VIH.

TIPO	NOMBRE Y AÑO DE APROBACIÓN			
INTI	Zidovudina (AZT) 1987	Didanosina (ddI) 1991	Zalcitabina (ddC) 1992	Estavudina (d4T) 1994
	Lamivudina (3TC) 1995	Nevirapina (NVP) 1996	Abacavir (ABC) 1998	Didanosina EC* (ddI-EC) 2000
	Tenofovir (TDF) 2001	Emtricitabina (FTC) 2003		
INNTI	Delavirdina* (DLV) 1997	Efavirenz (EFV) 1998	Etravirina (ETR) 2008	Nevirapina XR (NVP-XR) 2011
	Rilpivirina (RPV) 2011	Doravirina (DOR) 2018		
IP	Saquinavir (SQV) 1995	Indinavir* (IDV) 1996	Ritonavir (RTV) 1996	Nelfinavir* (NFV) 1997
	Amprenavir* (APV) 1999	Atazanavir (ATV) 2003	Fosamprenavir (FPV) 2003	Tipranavir (TPV) 2005
	Duranavir (DRV) 2006			
INSTI	Raltegravir (RAL) 2007	Dolutegravir (DTG) 2013	Elvitegravir* (EVG) 2014	Dolutegravir PD (DTG-PD) 2020
	Bictegravir (BIC) 2020	Cabotegravir (CAB) 2021		
FI	Enfuvirtida (ENF, T-20) 2003			
PK	Cobicistat (COBI) 2014			
EI	Maraviroc (MVC) 2007	Ibalizumab-uiyk (TMB-355) 2018	Fostemsavir (FTR) 2020	
CI	Lenacapavir 2022			

Entre paréntesis se indican otras denominaciones para los medicamentos. Abreviaturas: CI: inhibidores de la cápside; EI: inhibidor de entrada; FI: inhibidor de fusión; INSTI: inhibidor de integrasa; INTI: inhibidor nucleosídico de transcriptasa inversa; INNTI: inhibidor no nucleosídico de transcriptasa inversa; PI: inhibidor de proteasa; PK: potenciadores farmacocinéticos.
* Estos medicamentos ya no están disponibles o ya no se recomiendan en Estados Unidos, según las pautas médicas prácticas sobre VIH/sida del Departamento de Salud y Servicios Humanos estadounidense (HHS).
Fuente: Elaboración propia.

Medicamentos combinados en un solo comprimido contra el VIH.

NOMBRE (AÑO DE APROBACIÓN)	COMBINACIÓN
Trizivir (2000)	Abacavir + lamivudina + zidovudina
Epzicom (2004)	Abacavir + lamivudina
Truvada (2004)	Emtricitabina + fumarato de disoproxilo de tenofovir
Atripla (2006)	Efavirenz + emtricitabina + fumarato de disoproxilo de tenofovir
Complera (2011)	Emtricitabina + rilpivirina + fumarato de disoproxilo de tenofovir
Stribild (2012)	Elvitegravir + cobicistat + emtricitabina + fumarato de disoproxilo de tenofovir
Triumeq (2014)	Abacavir + lamivudina + dolutegravir
Evotaz (2015)	Atazanavir + cobicistat
Prezcobix (2015)	Darunavir + cobicistat
Genvoya (2015)	Elvitegravir + cobicistat + emtricitabina + alafenamida de tenofovir
Symfi (2016)	Efavirenz + lamivudina + fumarato de disoproxilo de tenofovir
Odefsey (2016)	Emtricitabina + rilpivirina + alafenamida de tenofovir
Descovy (2016)	Emtricitabina + alafenamida de tenofovir
Juluca (2017)	Dolutegravir + rilpivirina
Symfi Lo (2018)	Efavirenz + lamivudina + Fumarato de disoproxilo de tenofovir
Biktarvy (2018)	Bictegravir + emtricitabina +alafenamida de tenofovir
Symtuza (2018)	Darunavir + cobicistat + emtricitabina + alafenamida de tenofovir
Delstrigo (2018)	Doravirina + lamivudina + fumarato de disoproxilo de tenofovir
Dovato (2019)	Dolutegravir + lamivudina
Cabenuva (2021)	Cabotegravir + rilpivirina
Triumeq PD (2022)	Sulfato de abacavir + lamivudina + dolutegravir sódico

FUENTE: ELABORACIÓN PROPIA.

CAPÍTULO 4

Estrategias para la prevención de la infección por el VIH

Como ya se ha comentado, se han tomado diversas medidas para prevenir la infección por el VIH. Junto a estas, la comunidad científica ha buscado distintas estrategias para evitar la propagación del virus mediante el desarrollo de vacunas, el empleo de anticuerpos ampliamente neutralizantes para obtener una inmunidad pasiva o los tratamientos de profilaxis preexposición (PrEP), que se comentarán en este capítulo.

Vacunas

Desde que se detectaron e identificaron los primeros casos de infección por el VIH, la comunidad médica y científica se lanzó a la consecución de una vacuna frente al VIH como el mejor medio para luchar y vencer al virus. En esos primeros años se pecó de optimismo, y así, en 1984, la secretaria del Departamento de Salud y Servicios Humanos de Estados Unidos, Margaret Heckler, afirmó que la vacuna contra el sida estaría lista para su ensayo en dos años. Desafortunadamente, esta predicción estaba muy lejos de la realidad y en 2023, 40 años después, todavía no se disponía de una vacuna para prevenir y neutralizar el VIH. A lo largo de estos años, la consecución de una vacuna efectiva frente al VIH ha sido un campo de investigación muy intenso en todo el mundo y continúa siéndolo en la actualidad.

En el otro lado de la balanza están los grandísimos avances en la prevención del sida, que han reducido de manera extraordinaria la mortalidad causada por la enfermedad, la cual, en su momento álgido, allá por el año 2004, causó dos millones de defunciones.

En la actualidad, se ha conseguido controlar la infección mediante el empleo de antirretrovirales o terapia antirretroviral preventiva (PrEP). Sin embargo, existen aún estigmas en torno a la enfermedad: mucha gente no accede a la medicación y otros olvidan tomarla a tiempo, lo que provoca muchas muertes innecesarias. Por otro lado, los problemas relacionados con el uso sistémico de los antirretrovirales, tales como los efectos secundarios indeseados, la falta de adherencia o las interacciones fármaco-fármaco, hacen muy necesario disponer de una vacuna eficaz para prevenir o controlar la infección por VIH.

A la vista del éxito en la consecución de vacunas en tiempo récord para la pandemia COVID-19 (causada por el virus SARS-CoV2), surgen las siguientes preguntas: ¿por qué no existe aún una vacuna disponible contra el VIH? ¿Por qué es tan difícil desarrollar una vacuna? A lo largo de este capítulo intentaremos dar respuestas a estas cuestiones.

Tipos de vacunas

El VIH es un virus muy peculiar que representa un gran reto para el desarrollo de una vacuna. En general, las vacunas actúan como "entrenadores" del sistema inmune para que reconozca y ataque a un determinado patógeno (el VIH, en el caso que nos ocupa) causante de una enfermedad si en un futuro se detecta en el organismo. En términos generales, se pueden desarrollar dos tipos de vacunas: las terapéuticas, que se administran a personas una vez ha ocurrido la infección, y las preventivas, que están diseñadas para ayudar al sistema inmune a prevenir la infección y se administran a personas sanas no infectadas.

Vacunas terapéuticas

Las vacunas terapéuticas podrían impulsar (*boost*) la respuesta inmune al virus, reduciendo la carga viral y por tanto el riesgo de progresión hacia la fase más grave de la enfermedad (sida), lo que posiblemente permitiría reducir la dosis de fármacos antirretrovirales necesaria para su tratamiento. Una persona con baja carga viral tendría menor o nula capacidad de transmitir el virus (VIH) a otros. Una aproximación que se ha estudiado para combatir la infección consiste en la combinación, de forma alterna, de fármacos antirretrovirales (para controlar el VIH y sobre todo la carga viral) con una vacuna terapéutica (para estimular que el sistema inmunitario produzca anticuerpos con capacidad de neutralizar el virus durante un determinado periodo de tiempo). Esta combinación permite a los pacientes un tiempo de descanso en la toma de fármacos antirretrovirales y de sus efectos secundarios, ya que durante ese tiempo es el sistema inmunitario (los anticuerpos) el que está controlando la infección viral.

Esta combinación de terapia más vacuna podría conducir, en un caso ideal, a la curación de la enfermedad, siempre que se consiguiera no solo un número de células infectadas y una carga viral indetectables, sino también una disminución de la respuesta inmunitaria, lo que indicaría que se ha producido una retroseroconversión (retorno a la seronegatividad). Sin embargo, muchos investigadores piensan que una vacuna terapéutica no supondría la cura del sida, pero sí podría impulsar enormemente la respuesta inmune del organismo frente al virus, disminuyendo la cantidad de virus circulante, reduciendo el riesgo de padecer la forma severa de la enfermedad y posiblemente reduciendo las dosis de antirretrovirales necesarias para combatirla.

Existen varios ensayos clínicos con este tipo de vacunas. La compañía francesa Biosantech realizó un ensayo con una vacuna terapéutica desarrollada en colaboración con el doctor E. Loret del CNRS (Centro Nacional para la Investigación Científica francés) denominada Tat Oyi, cuya diana es la proteína Tat del VIH. Esta proteína la producen las células infectadas por el virus e impide que el sistema inmunitario las ataque. La vacuna fue probada en Francia en un ensayo doble ciego fase I/II en 48 voluntarios seropositivos tratados con terapia antirretroviral de alta eficacia que tenían niveles indetectables del virus tras dicha terapia. Fue suspendida después de recibir tres dosis diferentes de la vacuna. Los participantes en el ensayo que recibieron la vacuna mantenían niveles de virus indetectables 12 meses después. A día de hoy, esta vacuna está pendiente de un estudio más amplio en diversos hospitales del mundo.

En julio de 2014 se inició un pequeño estudio clínico en fase I, con un número reducido de voluntarios en el que se combinó el fármaco revertidor de la latencia romidepsina con el candidato a vacuna terapéutica Vacc-4x. Como ya se ha mencionado, cuando el VIH se encuentra en este estado latente, el sistema inmunitario no puede reconocer el virus y el tratamiento antirretroviral (TARGA) no le afecta. Los fármacos revertidores de latencia son aquellos que inducen la reactivación del VIH escondido e inactivo (latente) en los linfocitos CD4 del sistema inmunitario, lo que posibilita que tanto los agentes antirretrovirales como el sistema inmunitario ataquen al virus.

Los voluntarios infectados por VIH recibieron la vacuna a fin de determinar las bases para una respuesta inmune de memoria (*memory immune response*). Seguidamente recibieron el fármaco, que se administró con el fin sacar el VIH de reservorios ocultos en el cuerpo. Los resultados del estudio fueron muy prometedores: el fármaco "expulsó" el virus fuera de los reservorios aumentando el VIH hasta niveles detectables; es decir, la romidepsina podía revertir de forma segura la latencia del VIH.

La siguiente fase del estudio consistió en demostrar si la vacuna era efectiva en la eliminación de las células infectadas (*disabling VIH-infected cells*). Los resultados de la parte B indicaron que la combinación de Vacc-4x más adyuvante y romidepsina produjo, aproximadamente, una reducción del 40% en el tamaño del reservorio del VIH latente. Sin embargo, la estrategia combinada no tuvo ningún efecto en la prolongación del tiempo transcurrido desde la interrupción del tratamiento con antirretrovirales hasta el rebote viral.

Hasta la fecha, las vacunas terapéuticas no han logrado el objetivo de controlar la replicación en ausencia de tratamiento. Actualmente se están estudiando estrategias combinadas en las que se utilizan dichas vacunas combinadas con otros medios tales como anticuerpos, reactivadores de latencia o inductores de inmunidad natural.

Vacunas preventivas

Cuando se habla de las vacunas preventivas contra el VIH, enseguida viene a nuestra mente la rapidez (menos de un año) con la que se consiguieron varias contra la COVID-19, y nos surgen las siguientes preguntas: ¿por qué no se ha conseguido aún una contra el SIDA? ¿Por qué es tan difícil?

La primera respuesta a esas cuestiones está en la peculiaridad del virus (un retrovirus), muy distinto al coronavirus causante de la COVID-19. El VIH, como ya se ha mencionado, es un virus con cubierta en cuya superficie hay una glicoproteína (gp120) altamente glicosilada, es decir, cubierta de carbohidratos. Estos actúan como escudo protector de los epítopos antigénicos, evitando así la acción de los anticuerpos neutralizantes. Dichos antígenos interaccionan con receptores específicos de la superficie celular, facilitando la entrada del virus y por tanto la infección. Además, el VIH es un virus que ataca directamente a las células del sistema inmunitario (los linfocitos CD4), que son las que tienen que luchar contra él. El sistema inmunitario queda seriamente debilitado y no es capaz de combatir la infección y eliminar el virus.

En esencia, la primera dificultad que impide el desarrollo de una vacuna es la falta de inmunidad frente a la infección natural, es decir, el organismo no puede "entrenarse" para protegerse de una infección futura. Los casos de curación "natural" a lo largo de estas cuatro décadas de infección por VIH son excepcionales. La falta de la inmunidad natural hace que se carezca de un modelo o referente sobre el nivel de protección que una vacuna debería cumplir, y sin ese referente es muy difícil identificar qué respuesta inmune sería efectiva frente a la infección por VIH. En general, las vacunas tienden a mimetizar la inmunidad natural. Desafortunadamente, en ausencia de tratamiento, las personas infectadas por VIH mueren.

Una segunda dificultad para el desarrollo de una vacuna es la alta capacidad de mutación que tiene el VIH, sobre todo, y entre otras, en la proteína Env (*spike*) de la cubierta que muta con facilidad, y el virus escapa así de la acción de los anticuerpos neutralizantes. Como curiosidad, en la reciente pandemia COVID-19, el SARS-CoV2, virus causante de la misma, mostró también una gran capacidad de adaptación y mutación, y así surgieron las variantes alfa, beta, delta, ómicron y sus subvariantes. El VIH tiene una tasa de mutación muchísimo más alta que el SARS-CoV2. Existen más variantes de VIH en una persona en los días posteriores a la infección que todas las variantes descritas para la COVID-19. Esto indica que, incluso aunque se logre desarrollar una vacuna frente al VIH, el virus muta increíblemente rápido, comprometiendo la eficacia de la misma y escapando a su acción. Además, como ya hemos comentado, hay muchos subtipos genéticamente diferentes de VIH, y se espera que sigan apareciendo más. Así, una vacuna que protege frente a un determinado subtipo es poco probable que proteja frente a otros subtipos.

La tercera dificultad es que el virus "esconde" su material genético en el ADN del huésped (a diferencia de otros virus), permaneciendo así inaccesible al sistema inmunitario que, a su vez, es destruido por el virus.

Una cuarta dificultad es la falta de modelos animales que permitan predecir de forma fiable la eficacia de la vacuna en humanos.

La quinta es el gran número de pacientes (miles) que se requieren para el ensayo clínico de una posible vacuna. En la actualidad, la tasa de infección es baja (gracias a las medidas preventivas y a los fármacos que permiten mantener la enfermedad bajo control). Además, el estudio de la vacuna (efectos secundarios, diferencias entre grupos vacunados y placebos en la generación de inmunidad) requiere el seguimiento de los voluntarios implicados en el ensayo clínico durante años para poder realizar estudios comparativos entre individuos vacunados e individuos a los que se les administra el placebo.

A las dificultades mencionadas anteriormente para el desarrollo de la vacuna se une la forma de propagarse el virus en el cuerpo. Cuando se inicia la infección, se produce una respuesta inmediata del sistema inmunitario, dando lugar a la aparición de anticuerpos contra el virus que, si bien inhiben *in vitro* la acción del virus, no son capaces de frenar la propagación del mismo en el organismo. Uno de los motivos es que el virus se propaga no solo a través de las partículas virales, presentes en el torrente sanguíneo, sino también a través de las células infectadas, las cuales, al entrar en contacto con las células contiguas no infectadas, transmiten directamente de membrana a membrana las partículas virales sin que el virus sea liberado al medio intracelular. En resumen, las partículas virales que salen por gemación interaccionan directamente con la membrana de la célula vecina, siendo inaccesibles a la acción de los anticuerpos neutralizantes. Un segundo motivo es que la producción de anticuerpos de amplio espectro frente al VIH requiere mucho más tiempo que frente a otras infecciones, en torno a 12-24 meses. Eso hace que generar una vacuna que induzca anticuerpos neutralizantes de amplio espectro sea una complejidad añadida al diseño de prototipos y secuencias de vacunación.

Estrategias en la investigación de una vacuna preventiva contra el VIH

Idealmente, una vacuna preventiva debería: 1) disparar los anticuerpos: prevenir la infección completamente desencadenando una intensa producción de anticuerpos; 2) disparar una fuerte respuesta de las células T: debería desencadenar una respuesta intensa de las células T para combatir la infección, eliminarla y prevenir de este modo la enfermedad; 3) ralentizar la infección de manera que se dilate enormemente el tiempo necesario desde la infección por VIH hasta su progresión al sida mediante el control de la carga viral, y 4) conseguir la inmunidad de rebaño, es decir, proporcionar alguna protección incluso a los no vacunados. Dicha inmunidad se conseguiría cuando existiera un número suficiente de individuos vacunados, lo que disminuiría, probablemente, su capacidad de transmitir la infección. Esto podría ayudar a proteger a los que no pueden vacunarse (niños y enfermos con otras patologías).

Desde el aislamiento del virus y su identificación como el agente etiológico del sida, allá por el año 1984, se han seguido distintas estrategias para la consecución de una vacuna contra el virus de inmunodeficiencia humana.

Primera estrategia: estimular el sistema inmunitario para producir anticuerpos neutralizantes

Las primeras estrategias se centraron, al principio de la pandemia, en las aproximaciones clásicas empleadas en muchas otras vacunas, consistentes en estimular en el organismo humano el sistema inmunitario para la producción de anticuerpos neutralizantes. Sin embargo, como se ha mencionado en diversas ocasiones, la altísima capacidad de mutación del virus y la incapacidad de los anticuerpos para neutralizar las distintas variantes mutadas de las proteínas de la cubierta impidieron lograr el objetivo buscado. En otras palabras, el virus iba siempre muy por delante de la acción de los anticuerpos. Ante el fracaso en este tipo de estrategia, se intentaron otras alternativas.

En la búsqueda de vacunas, inicialmente, se consideraron poco seguras las metodologías que empleaban virus atenuados o partículas virales inactivadas (virus completos o fragmentos), debido al altísimo riesgo de que el ADN proviral se integrara permanentemente en los cromosomas del huésped. El desarrollo de las tecnologías de ADN recombinante, a mediados de los ochenta, así como el éxito en su empleo para la obtención de una vacuna frente a la hepatitis B, estimularon el uso de las mismas en la investigación de una vacuna frente al VIH. Sin embargo, esos esfuerzos resultaron infructuosos debido de nuevo a la extrema mutabilidad y a los mecanismos de evasión inmune de las cepas de virus existentes.

Tras este intento siguieron numerosos estudios que resultaron frustrantes para la comunidad científica y que hicieron tomar conciencia de la realidad y de lo difícil que iba a ser desarrollar una vacuna contra el VIH. Pero, lejos de desistir, los investigadores continuaron con la búsqueda activa de una vacuna que ayude a erradicar el sida.

Segunda estrategia: estimular la inmunidad celular
Esta estrategia está centrada en los linfocitos T como alternativa a la estimulación de los anticuerpos. Los linfocitos T contribuyen no solo a la producción de anticuerpos, sino también a la búsqueda y destrucción de las células infectadas. Con este tipo de vacunas se pretendía generar células que pudieran identificar y bloquear proteínas internas del virus. Desafortunadamente, no se consiguió ningún tipo de vacuna eficaz de este tipo.

Tercera estrategia
Centrada en conseguir tanto la inducción de anticuerpos como la estimulación de inmunidad celular, en lo que sería una combinación las dos estrategias anteriores. Desafortunadamente, esta estrategia tampoco condujo a buenos resultados.

Cuarta estrategia
Se centra en el empleo directo de anticuerpos capaces de neutralizar el virus, que se comentará en el apartado "Anticuerpos para la prevención de la infección por el VIH".

Ejemplos de estudios clínicos sobre las vacunas
realizados hasta el momento

Vacuna vCP1452. En un ensayo clínico del año 1998, Belse y col., utilizando un virus atenuado de la viruela del canario que expresaba antígenos del VIH como modelo de vacuna, observaron que se estimuló la producción de anticuerpos neutralizantes en más del 50% de los voluntarios sanos (participaron 16 voluntarios). En este estudio se demostró que la estrategia indujo respuestas tanto humorales como celulares. Sin embargo, en un estudio clínico posterior a gran escala realizado con 330 voluntarios sanos, la vacuna vCP1452 fracasó en la inducción de anticuerpos neutralizantes, rebajando así las expectativas que habían generado los estudios iniciales, lo que supuso una decepción para los investigadores.

Estudio HVTN P5. En un ensayo clínico multicéntrico posterior, realizado en países seleccionados como Sudáfrica y Tailandia, se investigó un prototipo de vacuna frente al VIH basada en proteínas del virus de la viruela del canario, que incorporaba distintas proteínas de la cubierta del VIH, diversos adyuvantes y otros componentes (genes) de los subtipos B y C del VIH-1 tipo M. Si bien se observó respuesta inmunológica en los voluntarios, esta se consideró insuficiente.

Vacuna V520. La vacuna basada en un adenovirus recombinante atenuado (Ad5) que contenía tres genes del VIH subtipo B se estudió en dos ensayos clínicos denominados Phambili y STEP, que llegaron a la fase clínica II. En el estudio STEP, iniciado en 2004, participaron 3000 voluntarios. Se llevó a cabo en diversas zonas geográficas: América del Norte, América del Sur, el Caribe y Australia, donde el subtipo B del VIH era el predominante. Se diseñó la vacuna para estimular la inmunidad celular VIH-específica que llevaría al organismo a producir células T (que eliminan las células infectadas por el VIH). En estudios previos más reducidos, la vacuna resultó segura y sin efectos secundarios importantes. Sin embargo, y en contra de lo esperado, el ensayo con V520 se paralizó en 2007, ya que se observó que dicha vacuna parecía estar asociada con un aumento del riesgo de infección por el VIH, lo que llevó a un replanteamiento en las estrategias para el desarrollo de la vacuna.

Vacuna RV144. En un ensayo clínico realizado en Tailandia, identificado como RV144, o estudio Thai, participaron 16402 voluntarios (hombres y mujeres en riesgo) y se estudió la eficacia de la estrategia consistente en la combinación heteróloga de dos vacunas (una cebadora y una diferente de recuerdo). El ensayo combinado heterólogo llegó a fase clínica III, observándose una eficacia de aproximadamente el 32% para dicha vacuna después de tres años. El estudio fue suspendido en 2009 ya que, si bien se observó cierta eficacia para prevenir la infección, esta se consideró insuficiente al no alcanzar el mínimo requerido del 50% para que una vacuna sea considerada eficaz.

Los ensayos clínicos de vacunas frente al VIH han continuado desde entonces. En 2015 se inicia en Sudáfrica un ensayo clínico en fase I denominado HVTN 100, basado en modificaciones a partir de la vacuna RV144. Los individuos que recibieron la vacuna desarrollaron una fuerte respuesta inmune, y el régimen vacunal resultó seguro, sin efectos secundarios graves reseñables. Los resultados obtenidos con HVTN 100 llevaron a realizar un nuevo ensayo clínico en fases II y III denominado HVTN 702. Desafortunadamente, la vacuna no previno la infección por VIH-1 entre los participantes en Sudáfrica, a pesar de las evidencias previas de inmunogenicidad.

En 2011 se publicaron los resultados del estudio en fase I de la vacuna MVA-B, desarrollada por investigadores españoles en Madrid. Esta vacuna se basaba en la introducción de cuatro genes del VIH subtipo B en la secuencia genética del virus Vaccinia Ankara, atenuado y modificado. La vacuna indujo una respuesta inmunológica en el 92% de los individuos sanos participantes en el ensayo. Sin embargo, la eficacia se consideró insuficiente y el estudio no progresó hacia fases clínicas posteriores.

Vacuna SAV001. En el año 2016 se comunicaron los resultados del primer ensayo clínico en fase I de esta vacuna, que empleaba el VIH completo inactivado química y físicamente mediante radiación. El ensayo se inició en el año 2012 en

Canadá con voluntarios seronegativos. El estudio resultó seguro y los individuos desarrollaron anticuerpos frente al VIH-1. A pesar de estos resultados iniciales, el ensayo no progresó a fases posteriores.

Vacuna HVTN-705. La compañía estadounidense Janssen Pharmaceutica (que desarrolló una de las vacunas aprobadas para el SARS-CoV-2) inició en el año 2017 un gran ensayo clínico denominado HVTN-705 o Imbokodo, con una vacuna que emplea el adenovirus no replicante Ad26 (del virus del resfriado común) como vector que incorpora la proteína gp140 del VIH. La vacuna se diseñó para prevenir la infección por todos los subtipos de VIH circulantes en el mundo. El ensayo clínico se realizó entre mujeres subsaharianas (la población más afectada por la infección en dicha región de África) y llegó a fase II. En 2021 se anunció que el estudio no había conducido a una reducción estadísticamente significativa de la infección por el VIH y se suspendió.

Vacuna HTVN-706. En el año 2019, Janssen inicia otro estudio entre 3900 voluntarios homosexuales y personas transgénero de ocho países. El estudio se denominó HTVN-706 o Mosaico y estaba basado en una versión ligeramente modificada de la vacuna anterior utilizada en el estudio Imbokodo. La vacuna estaba basada en inmunógenos de mosaico, es decir, subunidades de vacunas que integran componentes de diversos subtipos de VIH para inducir una respuesta inmune frente a diferentes cepas de VIH. Esta estrategia resultó segura pero ineficaz frente a la transmisión del VIH. En enero de 2023 el ensayo fue cancelado en la última etapa (fase III) debido a su ineficacia.

Vacunas basadas en la tecnología de ARN mensajero (ARNm)

Como ya se ha ido comentando a lo largo de este capítulo, desde finales de los ochenta se han desarrollado numerosos candidatos a vacuna para prevenir la infección por VIH; sin embargo, hasta el momento, ninguno ha resultado eficaz. Únicamente el estudio Thai, iniciado en 2003 e interrumpido en 2009, mostró cierta eficacia.

Nuevas y renovadas esperanzas están puestas en la consecución de una vacuna basada en la tecnología del ARNm. Los intentos de vacunas anteriores se basaban en estimular el sistema inmunitario empleando virus inactivados o atenuados. La tecnología del ARNm entrena a las células para sintetizar las proteínas que disparan una respuesta inmune al patógeno.

La compañía Moderna y la iniciativa internacional para una vacuna contra el sida (IAVI), utilizando la misma tecnología que para su vacuna contra la COVID-19, lanzaron en 2022 dos ensayos en fase I de vacunas de VIH basadas en la tecnología del ARNm.

En enero de 2022 se inició el primer estudio clínico en fase I (IAVI G 001) que pretendía estimular, en un régimen de dos dosis (la segunda de refuerzo), la producción de anticuerpos. En el primer ensayo se administró una versión adyuvada a base de proteínas de un inmunógeno sensibilizador eOD-GT8 60mer (desarrollado por IAVI y el equipo del Scripps Research), combinado con un adyuvante, a 56 adultos sanos voluntarios de Estados Unidos. La vacuna resultó segura y efectiva. Esta combinación indujo una respuesta de células B en el 97% de los participantes. La activación de estas células es necesaria para la inducción de anticuerpos ampliamente neutralizantes, primer objetivo de una vacuna frente a VIH.

El segundo ensayo (IAVI G002), empleando las mismas proteínas del inmunógeno eOD-GT8 60mer, se inició en marzo del mismo año con 36 voluntarios sanos, y pretendía probar la hipótesis de si la administración secuencial del inmunógeno de VIH sensibilizador eOD-GT8 60mer, seguido de una dosis de refuerzo de ARNm y tras ocho semanas de la administración de la primera dosis, era capaz de inducir respuestas específicas de células B que condujeran a la producción de anticuerpos ampliamente neutralizantes. Concretamente, se pretendía estudiar la capacidad del inmunógeno de refuerzo para inducir una mayor maduración de células B. Los resultados de los estudios publicados en diciembre de 2022 indicaron que la vacuna ARNm eOD-GT8 60mer resultó muy efectiva (97%) en su capacidad de inducir anticuerpos ampliamente neutralizantes (frente a distintos serotipos del VIH) que se dirigen y estimulan las células B que los producen, y además resultó segura (sin efectos indeseables destacados). Este ensayo supuso una "prueba clínica de concepto" cuyos resultados sugieren que la administración de dos dosis, con ocho semanas de diferencia puede resultar en respuestas inmunitarias muy eficientes. Estos resultados son un paso muy importante hacia una vacuna efectiva frente al VIH.

En mayo de 2023 se inicia un nuevo ensayo clínico, IAVI G003, para probar si la vacuna de Moderna ARNm eOD-GT8 es capaz de inducir una respuesta inmune en las poblaciones de África, de manera similar a la inducida por los estudios en fase I IAVI G001 y IAVI G002 realizados en Estados Unidos. El estudio, en el que participan científicos africanos, se está llevando a cabo en Kigali, Ruanda y Sudáfrica con 18 voluntarios sanos que recibirán dos dosis de ARNm eOD-GT8 60mer que contienen una porción de secuencia viral, pero que no es infectiva.

Los participantes en el ensayo serán monitorizados durante seis meses después de la segunda dosis para estudiar la seguridad de la vacuna. Asimismo, se pretende validar la prueba de concepto que supusieron los ensayos anteriormente mencionados en cuanto a la capacidad del candidato a vacuna de generar una respuesta inmune al virus, es decir, de poder generar anticuerpos neutralizantes que pudieran prevenir la infección frente a una gran variedad de virus VIH. El estudio continúa en la actualidad para determinar la inmunogenicidad y seguridad, y si transcurre de acuerdo al plan inicial, se llevarán a cabo posteriormente estudios de eficacia en individuos en riesgo de ser infectados por VIH.

Anticuerpos para la prevención de la infección por el VIH

Como ya hemos mencionado varias veces a lo largo de este libro, el VIH muta muy rápidamente en un corto periodo de tiempo, dando lugar a muchos cambios en las proteínas (Env) de la cubierta viral. Una vacuna ideal debería inducir la producción de numerosos anticuerpos capaces de neutralizar muchas cepas genéticamente diferentes del virus. La mayoría de los pacientes infectados por el VIH desarrollan en fases tempranas anticuerpos capaces de llevar a cabo ciertos niveles de protección frente al virus. Sin embargo, el virus desarrolla una resistencia a los mismos que impide (o limita) en el huésped las respuestas inmunes humoral y celular.

Los anticuerpos son proteínas que forman parte del sistema inmunitario y son específicos para cada "virus invasor". Un anticuerpo frente al VIH no funciona, por ejemplo, frente al virus de la gripe o al de la COVID-19. De hecho, la mayoría de los anticuerpos del VIH son muy específicos frente a una determinada cepa del virus y, eventualmente, funcionan contra muy pocas cepas muy relacionadas.

En el campo del sida, los investigadores han observado que una pequeña minoría de personas infectadas por el VIH muestran una cierta "inmunidad natural" a la infección por el virus. Estas personas producen un tipo raro de anticuerpos no convencionales que se han denominado anticuerpos ampliamente neutralizantes (bnAbs). Este tipo de anticuerpos se desarrollan dentro de los tres primeros años de la infección. Se han identificado varias decenas de estos anticuerpos cuyas dianas son proteínas de la superficie viral, presentes en diversas cepas del VIH, que mutan muy lentamente.

Al igual que los anticuerpos neutralizantes, los bnAbs se unen al virus bloqueando su unión a la célula huésped y evitando así la infección. Estos anticuerpos funcionan frente a muchas cepas distintas de VIH al mismo tiempo, al menos en el laboratorio, en lo que se conoce como inmunización pasiva. En esta aproximación se tratarían de inyectar directamente los anticuerpos en el organismo en lugar de entrenarlo para producir dichos anticuerpos.

Los investigadores se plantean la siguiente pregunta: ¿se podría prevenir la infección utilizando dichos anticuerpos, es decir, administrando bnAbs? En general, los anticuerpos frente al VIH bloquean las proteínas (Env) de la superficie de la cubierta del virus, que son las que interaccionan con determinados receptores celulares permitiendo la infección viral. El bloqueo de dichas proteínas impide la entrada del virus a la célula y por tanto la infección.

Se han realizado diversos estudios con bnAbs para prevenir la infección por el virus del sida. Estos métodos han sido probados en otras enfermedades y son seguros.

La inmunidad pasiva se lleva a cabo mediante inyecciones (intravenosas, intramusculares, en tejidos grasos o subcutáneas) de copias de los anticuerpos neutralizantes sintetizados en el laboratorio y denominadas anticuerpos monoclonales. Estos anticuerpos se inyectan en voluntarios no infectados y se estudia si son capaces de prevenir la infección; ya antes de que esta se produzca, dichos anticuerpos están circulando en el torrente sanguíneo, listos para combatir el VIH. Así, a diferencia de una vacuna que "enseña" al organismo cómo producir esos anticuerpos, la inmunización pasiva permite "saltarse ese paso" y proporciona directamente dichos anticuerpos al individuo. Esta estrategia tiene el inconveniente de que los anticuerpos monoclonales tienen una vida media muy corta y es necesario establecer un régimen de inyecciones frecuentes.

El empleo de bnAbs podría resultar en una estrategia directa para prevenir la infección por el VIH en lo que se conoce como prevención mediada por anticuerpos. Como ya se ha mencionado, estos anticuerpos son capaces de bloquear muchas de las cepas del VIH. En el año 2010 un grupo de investigación de los Institutos Nacionales de la Salud de Estados Unidos (NIH) llevó a cabo dos estudios empleando el anticuerpo ampliamente neutralizante VRC01 que bloqueó aproximadamente un 30% de las cepas de VIH, lo que supuso la prueba de concepto de que los bnAbs pueden utilizarse en la prevención del VIH. Sin embargo, el bajo porcentaje de prevención sugiere que un solo anticuerpo no es suficiente para prevenir la infección viral. Por ello, los siguientes pasos fueron el estudio de la combinación de anticuerpos monoclonales ampliamente neutralizantes que se unen a distintas zonas del VIH, así como la determinación de la frecuencia con la que deben ser administrados dichos anticuerpos ampliamente neutralizantes.

Existen docenas de otros anticuerpos ampliamente neutralizantes en estudio. Un caso de éxito es el de un individuo tratado con una combinación del anticuerpo 3BNC117 junto con romidepsina (revertidor de la latencia), que mostró reversión de la infección por VIH y se mantiene libre del virus transcurridos cuatro años desde la finalización del tratamiento. Este individuo, así como otros participantes en el estudio clínico con el mencionado anticuerpo, muestran un aumento en la respuesta celular de las células T CD8 VIH específicas.

La profilaxis preexposición (PrEP)

La PrEP consiste en administrar antirretrovirales todos los días, en unas dosis menores que en la terapia antirretroviral, para prevenir la infección a aquellas personas que, sin estar infectadas por el VIH (seronegativas), tienen un alto riesgo de infectarse al exponerse al virus a través de las relaciones sexuales o de las drogas inyectables mediante el intercambio de jeringuillas.

Existen estudios que han demostrado que el uso continuado de la PrEP ha permitido reducir el riesgo de contraer la infección en un 98% mediante el sexo y en un 75% entre los drogodependientes. Si además de la profilaxis preventiva se utilizan otras barreras de prevención, como por ejemplo el uso de preservativos, se puede reducir aún* más el riesgo de ser infectado por el VIH. Si bien la PrEP ha resultado muy eficaz en la prevención de la infección por el virus del sida, los fármacos utilizados en la misma no deben ser interrumpidos y deben tomarse a diario, ya que, si no hay adherencia por parte del paciente, disminuye enormemente su eficacia. La idea que subyace tras la PrEP es mantener una concentración de fármacos antirretrovirales en el torrente sanguíneo que evite que el VIH se adhiera y se propague por todo el organismo, bloqueando de este modo el virus en las personas de riesgo y reduciendo así la probabilidad de contraer el VIH.

Se ha validado a través de muchos estudios que la PrEP es un medio efectivo de prevenir la infección por el VIH con muy pocos o nulos efectos secundarios indeseados. Se deberían hacer grandes campañas de divulgación entre la población en general y entre la que está en riesgo de contraer la infección, en particular, sobre lo que es la PrEP, sus beneficios y su capacidad de mantener el virus indetectable. Sobre todo, es importante concienciar a la población y difundir el siguiente mensaje: "indetectable = intransmisible". El concepto se refiere a que aquellos infectados por el VIH que siguen escrupulosamente las pautas de la terapia antirretroviral de alta eficacia, sin interrumpir la misma, y mantienen niveles indetectables de carga viral, no transmiten el virus en sus relaciones sexuales. Esto marca una potente apuesta en la utilización de antirretrovirales como profilaxis preexposición continuada para prevenir la infección viral en aquellas poblaciones que están en altísimo riesgo de contraerlo (como ya se ha mencionado, homosexuales en prácticas de riesgo y drogodependientes que intercambian jeringuillas). Hay estudios que demuestran que dichas poblaciones pueden infectarse por el VIH a lo largo del año siguiente de interrumpir la PrEP.

Un factor que enciende las alarmas y que apoya aún más la necesidad de divulgar por todos los medios entre la población en general y la de alto riesgo la importancia de mantener la adherencia tanto a la TARGA como a la PrEP es la experiencia adquirida con la reciente pandemia de COVID-19 en la que se demostró que buena parte de la población no se consideraba en riesgo de contraer la enfermedad y no tomaron las precauciones necesarias para evitar la infección y transmisión a otros, tales como uso de mascarillas, vacunas, etc.

¿Para quién sería recomendable la administración de la PrEP?

Los CDC recomiendan la administración de la PrEP a las personas de riesgo. El uso de la PrEP es relativamente reciente, la FDA la aprueba en el año 2011 en Estados Unidos y su uso, a partir de entonces, se va introduciendo lentamente en Europa, siendo España uno de los últimos en introducirla y en el que sigue habiendo problemas para su aplicación, a pesar de que somos uno de los países con mayor número de infecciones anuales de Europa.

TABLA 3

Recomendaciones de los CDC para la administración de la PrEP.

PERSONAS	PRÁCTICAS DE RIESGO
Seronegativas	Relaciones sexuales vaginales o anales en los últimos seis meses sin protección
Seronegativas	Relaciones sexuales de riesgo continuo
Seronegativas	Pareja seropositiva (con carga viral desconocida o indetectable)
Seronegativas	Relaciones con uso de preservativos de manera discontinua
Seronegativas	Diagnosticadas de una enfermedad de transmisión sexual (ETS) en los últimos seis meses
Seronegativas	Usuarias de drogas inyectables o con pareja seropositiva que se inyecta drogas
Seronegativas	Comparten agujas, jeringuillas u otros medios de administración de drogas

FUENTE: ELABORACIÓN PROPIA.

Fármacos y combinaciones que se utilizan en la PrEP

El tenofovir disoproxil fumarato (TDF) utilizado por vía oral ha resultado eficaz en un 99% en aquellos individuos de riesgo expuestos al VIH mediante prácticas sexuales vía rectal, y en torno a un 93-94% entre aquellos individuos expuestos al VIH mediante prácticas sexuales vaginales. Aunque el compuesto es bien tolerado, la aparición en algunos casos de toxicidad renal y la pérdida de densidad ósea llevaron a su sustitución en la

PrEP por un análogo, el tenofovir alafenamida (TAF). Este compuesto resultó muy eficaz en el caso de exposición al virus en relaciones sexuales anales, pero no así vaginales. En la actualidad se están llevando a cabo estudios de la toma diaria de TAF en combinación con emtricitabina (FTC) en individuos que practican sexo vaginal y en exposiciones parenterales (usuarios de drogas intravenosas).

En los países menos desarrollados se está explorando el uso entre mujeres en riesgo de contraer el VIH de anillos vaginales de larga duración (tres meses o más) que contienen dapivirina o tenofovir; sin embargo, hasta el momento solo se ha observado una eficacia de aproximadamente un 30% en la infección por el VIH.

Una nueva estrategia en PrEP se basa en el empleo de fármacos de larga duración, bien individualmente o en combinación. El primero de ellos, el inhibidor de integrasa cabotegravir, se administra en una única inyección cada ocho semanas. Esta estrategia comparada con la administración diaria, vía oral, de la combinación TDF-FTC reduce la incidencia de la infección por VIH en un 66% en hombres homosexuales y en un 89% en mujeres cisgénero. Cuando se compara con respecto al grupo que recibe placebo, la eficacia del cabotegravir es de un 93% de media. El fármaco elvitegravir, también inhibidor de integrasa, se está estudiando en combinación con TAF en administración por vía rectal o vaginal.

Otro compuesto de larga acción utilizado en PrEP es el lenacapavir, que tiene una vida media muy larga y se administra como inyección subcutánea cada 24 semanas. El islatravir, un inhibidor muy potente de la translocación de la transcriptasa inversa, se administra por vía oral una vez al mes. También se está estudiando su uso en un implante subdermal con una duración de un año.

CAPÍTULO 5

Nuevas estrategias terapéuticas

Como se ha ido viendo a lo largo de este libro, la búsqueda de nuevas estrategias terapéuticas en la lucha contra el VIH ha sido continua. Hoy día se sigue investigando tanto en el desarrollo de nuevos fármacos antirretrovirales como en nuevas aproximaciones para combatir el virus. A continuación, vamos a resumir brevemente algunas de estas nuevas estrategias que se plantean frente al desafío de conseguir la curación del VIH, es decir, eliminar el virus o controlar su replicación en ausencia de tratamiento antirretroviral permanente.

Trasplante de células madre de donantes CCR5Δ32/Δ32

El trasplante de células madre de donantes con la mutación CCR5Δ32/Δ32, del que hablaremos en el capítulo 6, ha mostrado ser una esperanzadora vía de investigación en la búsqueda de una cura para el VIH. Esta mutación confiere resistencia natural al virus, y los trasplantes de células madre con esta característica han resultado en casos excepcionales de remisión del VIH en pacientes, lo que sugiere un potencial terapéutico prometedor. Sin embargo, esta estrategia presenta varios desafíos, como la disponibilidad de donantes compatibles o el riesgo del procedimiento, que aún hay que solventar. Esta aproximación solo está indicada en pacientes que tienen una enfermedad hematológica maligna que requiere un trasplante de médula ósea. Hasta la fecha hay pocos casos de curación descritos y se comentarán en el capítulo 6.

Estrategia *kick and kill* de revertidores de la latencia

A pesar de que la terapia antirretroviral combinada ha supuesto un paso de gigante en el tratamiento de la infección por el VIH, hasta el momento no ha sido posible curar dicha infección. Esto es debido, en parte, a la "habilidad" del virus para permanecer latente (escondido e inactivo) durante meses e incluso años en ciertas células del sistema inmunitario, los linfocitos T CD4 (en reposo). En estos reservorios, el virus se encuentra a salvo tanto del sistema inmunitario como de los fármacos antirretrovirales, ya que, al estar latente, el virus está en estado inactivo y no es detectado por el sistema inmune.

La activación de la expresión del VIH es una de las estrategias que se están explorando en la actualidad que podrían llevar a la eliminación del virus y en última instancia a la cura de la infección. En este punto es donde entrarían en juego los denominados agentes revertidores de la latencia, cuyo ejemplo más representativo y con el que se están llevando a cabo los ensayos clínicos actuales es la romidepsina (un inhibidor de histona deacilasa aprobado para el tratamiento de linfomas de linfocitos T).

Los agentes revertidores de la latencia actúan haciendo que el VIH salga de su estado de latencia en los linfocitos CD4 en reposo. Esta activación del VIH latente se produce a concentraciones de romidepsina más bajas que las necesarias para el tratamiento de los pacientes con linfomas. Una vez reactivado el virus, los linfocitos T CD4 podrían ser reconocidos por el sistema inmunitario y eliminados. Otra posibilidad es que dichos linfocitos pudieran ser eliminados mediante el uso de agentes antirretrovirales o incluso a través de anticuerpos. Esta combinación de romidepsina con agentes antirretrovirales u otras combinaciones podría eliminar completamente la infección viral.

Se han llevado a cabo diversos estudios para probar el potencial de esta hipótesis. Si bien en varios de los ensayos se consiguió reducir de manera significativa el tamaño de los reservorios de VIH latente, hasta el momento no se ha conseguido prolongar el periodo transcurrido entre el tratamiento y el rebrote viral en un número significativo de pacientes ni por un periodo superior a seis meses.

Estrategia *block and lock*

A diferencia de los dos casos anteriores, la estrategia *block and lock* no pretende erradicar el virus del organismo, sino conseguir una cura funcional silenciando permanentemente el provirus latente en las células infectadas, previniendo así la transcripción viral y la reactivación del VIH. Este objetivo se puede lograr apuntando a los factores involucrados en la maquinaria de transcripción viral. De entre las distintas estrategias diseñadas con este fin, la inhibición de Tat por didehidrocortistatina A es el enfoque más avanzado. Tat es una proteína reguladora que aumenta en gran medida la eficiencia de la transcripción viral y regula el paso de la latencia viral a la transcripción activa. Un bloqueo de Tat podría facilitar la inhibición de la transcripción del VIH de forma que el sistema inmunológico podría mantener bajo control cualquier virus mínimamente presente, logrando una cura funcional. Se han descrito varios inhibidores de Tat, incluida la didehidrocortistatina A (dCA). La dCA es un potente inhibidor de esta enzima y reduce la transcripción del VIH. Sin embargo, los virus resistentes a dCA desarrollan una mayor transcripción basal independiente de Tat.

Otros factores de latencia estudiados para lograr el bloqueo del VIH han sido el factor de crecimiento derivado del epitelio del cristalino celular o LEDGF/p75 (responsable de integrar el VIH en una posición adecuada del ADN celular que permita una replicación futura) o el complejo que facilita la transcripción de la cromatina o FACT (que facilita la transcripción al desestabilizar la estructura del nucleosoma), entre otros.

Vacunas terapéuticas y preventivas

El desarrollo tanto de vacunas terapéuticas como preventivas ha estado en el punto de mira de la comunidad científica desde la aparición del VIH. Mientras que las preventivas tratan de evitar la infección, las terapéuticas buscan fortalecer el sistema inmunológico del paciente y ayudar a controlar la replicación del virus, reduciendo la carga viral y retrasando la progresión de la enfermedad. Como se vio en el capítulo 4, en la actualidad existe un gran interés en el desarrollo de ambos tipos de vacunas y se están llevando a cabo diversos ensayos clínicos para evaluar su eficacia y seguridad.

Edición genética

En el contexto de la búsqueda de nuevas estrategias de lucha contra el VIH, la edición genética se refiere a la modificación (eliminación, inserción, mutación, etc.) de genes diana mediante enzimas nucleasas para alterar la función o el fenotipo del gen. Las dianas pueden ser celulares, como el receptor CCR5, por ejemplo, o virales, como el propio VIH, que sería editado para transformarse en un virus defectivo. Las técnicas de edición de genes utilizadas en la terapia del VIH incluyen principalmente ARN de interferencia, las nucleasas con dedos de zinc (ZFN) y las nucleasas efectoras similares a activadores de la transcripción (TALEN), repeticiones palindrómicas cortas agrupadas y regularmente espaciadas (CRISPR) y enzimas recombinantes *in vitro*.

El ARN de interferencia forma parte del mecanismo celular para evitar la transmisión de determinada información genética. Este tipo de hebra puede unirse a una secuencia concreta de ARN, bloqueando su traducción. Esta tecnología podría utilizarse para silenciar la expresión génica tanto en los genes virales, implicados en la replicación del VIH, como en distintos factores de la célula huésped (por ejemplo, mediante el silenciamiento de la expresión de correceptores CCR5). Sin embargo, la aplicación clínica de esta tecnología se ha visto obstaculizada por su limitada absorción celular y su baja estabilidad biológica. Estos obstáculos podrían solventarse mediante el uso de nanopartículas como transportadores.

Las nucleasas con dedos de zinc y las nucleasas efectoras similares a activadores de la transcripción son enzimas artificiales que escinden el ADN en fragmentos en sitios de reconocimiento específicos o cerca de ellos. Numerosos estudios han evaluado el uso de estas nucleasas para editar correceptores CCR5 y otros genes relacionados con la infección por VIH. En estos estudios se extraen células del organismo infectado que posteriormente son modificadas y reintroducidas en el cuerpo. Este enfoque se ha probado en ensayos clínicos. En el caso del empleo de ZFN, se observó que el nivel sanguíneo de ADN viral disminuyó en la mayoría de los pacientes. Desafortunadamente, las ZFN presentan un número limitado de objetivos de ADN y muestran toxicidad. En el caso de las TALEN, nucleasas de diseño de segunda generación, presentan una menor toxicidad que las ZEN, aunque se necesitan más estudios para evaluar sus posibles aplicaciones en la cura funcional del VIH, y su producción parece ser más desafiante que la de ZFN.

Las repeticiones palindrómicas cortas agrupadas y regularmente espaciadas (CRISPR) derivan de un sistema de defensa adaptativo que se encuentra en la mayoría de las bacterias y que funcionan como autovacunas. El sistema CRISPR/Cas9 está formado por dos elementos: una molécula de ARN específica que guía a una secuencia de ADN concreta y la proteína Cas9 que corta el ADN bicatenario en ese punto. Después de cortar el ADN, este se repara mediante diferentes mecanismos básicos. Distintos grupos de investigación han explorado el uso del sistema CRISPR/Cas9 para el tratamiento contra el VIH y han obtenido resultados esperanzadores. Sin embargo, aún faltan por resolver distintos problemas relacionados con esta técnica, como, por ejemplo, el escape viral, la aparición de efectos secundarios o lograr una la administración eficiente.

Las enzimas recombinantes *in vitro* surgen como una alternativa al empleo de CRISPR/Cas9 para lograr la edición del genoma del VIH. Estas enzimas recombinantes son independientes de las vías celulares y no activan las vías de reparación del ADN durante la edición del genoma, lo que presenta una ventaja frente a los sistemas de edición genética anteriormente mencionados. Sin embargo, aún es necesario evaluar su seguridad y sus efectos secundarios en células editadas.

CAPÍTULO 6

¿Casos para la esperanza?

Entre las personas infectadas por el VIH, existe un grupo que responde a la presencia del virus de mancra muy diferente al resto. Estas distintas respuestas nos pueden ayudar a comprender mejor la complejidad de esta enfermedad, abriendo una vía de esperanza frente al sida.

Progresores lentos a largo plazo y controladores de élite

Uno de los misterios en la lucha contra el VIH es la variabilidad en la velocidad de progresión de la enfermedad. La mayoría de las personas infectadas sigue una progresión típica que incluye una fase asintomática que dura aproximadamente diez años antes de desarrollar el sida. Sin embargo, existen unos pocos grupos de pacientes que evolucionan de forma diferente. Estos grupos pueden tener bien una atípica y rápida progresión hacia el sida (progresores rápidos), una progresión más lenta hacia el estadio avanzado de la enfermedad (progresores lentos) o incluso controlar la replicación viral de manera sostenida por largos periodos de tiempo, sin necesidad de recibir tratamiento antirretroviral (progresores lentos a largo plazo). Para clasificar a estos pacientes, un factor a tener en cuenta es el número de células CD4 que presentan.

El recuento de CD4 es el predictor más potente de la progresión del VIH. Así, un recuento de CD4 inferior a 200 células/mm^3 indica que una persona tiene sida.

Los progresores rápidos representan aproximadamente el 10-20% de las personas infectadas. Su infección se caracteriza por una rápida disminución en los recuentos de células CD4 periféricas, cayendo por debajo de 350 células/mm^3 en tan solo un año después de la infección, mientras que los progresores típicos mantienen un recuento de CD4 de >500 células/mm^3 durante al menos dos años. Esta rápida progresión de los progresores rápidos los hace especialmente vulnerables a las infecciones oportunistas y a otras complicaciones relacionadas con el VIH.

Por el contrario, los progresores lentos (5-15%) pueden permanecer libres de sida incluso más de 15 años después de la infección, manteniendo niveles relativamente estables de células CD4 y bajas cargas virales durante varios años antes de desarrollar síntomas graves o progresar hacia el sida.

Los progresores lentos a largo plazo constituyen el grupo más raro, comprendiendo menos del 5% de las personas infectadas. Estos individuos mantienen un nivel de células CD4 por encima de 500 células/mm^3 y un nivel de carga viral por debajo de 10 000 copias/ml durante más de diez años desde el diagnóstico positivo de VIH sin tratamiento antirretroviral. Dentro de los progresores lentos a largo plazo podemos encontrar un pequeño grupo de pacientes que constituyen lo que se conoce como controladores de élite. Estos representan entre el 0,5 y el 1% de las personas infectadas por el VIH. Estos individuos tienen la capacidad de controlar la replicación viral de manera efectiva durante periodos prolongados, de forma que son capaces de mantener cargas virales indetectables en las pruebas estándar (normalmente <50 copias/ml) durante 12 meses a pesar de no iniciar la terapia antirretroviral. Para diagnosticar a un controlador de élite no se pueden utilizar ensayos comerciales de detección de VIH, sino que es necesario recurrir a ensayos ultrasensibles para detectar el ARN del VIH.

Es posible que los controladores de élite no experimenten síntomas relacionados con el virus en sí, pero aún pueden desarrollar problemas de salud relacionados con la presencia prolongada del VIH en el cuerpo. En estos pacientes se observan diversas alteraciones inmunitarias tales como un aumento de activación de los CD8, un descenso del recuento de CD4 y un incremento de marcadores inflamatorios. Asimismo, esta población puede presentar un mayor riesgo frente al desarrollo de ciertos tipos de cánceres y problemas neurológicos.

Dentro de los controladores de élite existen dos casos únicos: Loreen Willenberg y la paciente de Esperanza. Loreen Willenberg contrajo el VIH en 1992 y ha logrado mantener el virus completamente suprimido durante décadas, después de una infección documentada, sin requerir ningún tratamiento antirretroviral. Además de mantener la infección bajo control, su sistema inmunológico parece haber sido capaz de eliminar los reservorios del virus. En 2020, Loreen fue incluida en la lista de personas consideradas curadas del sida, con la particularidad de que en su caso no fue necesario ningún tratamiento para lograrlo.

En el segundo caso se trata de una mujer argentina que tenía 30 años del pueblo de Esperanza. La llamada paciente de Esperanza se infectó con el VIH en 2013 y recibió tratamiento contra el virus únicamente durante seis meses, mientras estaba embarazada. Desde entonces, esta paciente ha podido controlar el virus sin ningún tipo de tratamiento. En este caso, las evidencias sugieren que las defensas naturales frenaron la replicación viral temprana antes de que el virus pudiera propagarse y abrumar su sistema inmunológico.

Mecanismos de control del VIH en los controladores de élite

La progresión típica que presentan tanto los progresores lentos como los controladores de élite, y especialmente los casos de Loreen Willenberg y de la paciente de Esperanza, los ha convertido en grupos de estudio con el fin de intentar comprender los mecanismos inmunológicos responsables de estas respuestas y desarrollar tratamientos que "enseñen" a los sistemas inmunológicos de otros pacientes a imitarlos en casos de infección por VIH. No obstante, estos estudios han revelado que no todos los individuos considerados controladores de élite o progresores lentos del VIH son idénticos. Más allá de la definición básica que los agrupa, existe una notoria diversidad en cuanto a los resultados virológicos, inmunológicos y clínicos en estos pacientes.

Una de las dificultades para estudiar a los controladores de élite es que no ha sido posible determinar el periodo de tiempo necesario para que se produzca el control de la replicación del VIH después de una infección aguda. Esto se debe a la dificultad para identificar a estos pacientes durante la fase inicial de la infección o la seroconversión. Tampoco se conoce cuánto tiempo se mantiene el control viral una vez establecido, es decir, cuándo un controlador de élite pierde el control virológico y evoluciona a sida.

A pesar de estos inconvenientes, son numerosos los estudios que han tratado de dilucidar qué factores permiten controlar la infección por VIH. Algunos sugieren que estos pacientes han sido infectados con variantes atenuadas del VIH; sin embargo, otros estudios, en pruebas de laboratorio, parecen indicar que el virus de algunos controladores de élite presenta la misma capacidad de replicación y de transmisión que la de los pacientes progresores. Es decir, la infección con virus atenuados o defectuosos puede conducir al control de élite, pero no todos los controladores de élite parecen estar infectados con virus defectuosos. Asimismo, algunas investigaciones apuntan a que los controladores de élite podrían activar más rápidamente su sistema inmunológico cuando se enfrentan al VIH, lo que les permitiría controlar la replicación viral antes de que se extienda ampliamente.

Otro factor que se ha tenido en cuenta en estos estudios ha sido cómo se integra en estos grupos el ADN viral en el genoma humano (lo que se conoce como provirus). Estudios recientes sugieren que, en los controladores de élite, muchos de estos provirus están integrados desproporcionadamente en sitios con capacidad de transcripción limitada. Este hecho podría significar que los virus con capacidad de replicación no se replican porque están se encuentran en un estado *locked and blocked state*. Sin embargo, se cree que esta característica es probablemente una consecuencia más que un factor que ayude al control del virus. Además, se ha detectado una evolución del virus plasmático en muchos controladores de élite, lo que sugiere que continúa habiendo replicación viral en otros compartimentos.

Finalmente, se ha investigado si existen diferencias en los mediadores inmunológicos entre los individuos que experimentan progresión de la enfermedad y los controladores de élite. Se ha observado que las células CD8 de algunos controladores de élite presentan un tipo específico de HLA (HLA protectores, antígenos leucocitarios humanos) que les otorga una mayor capacidad para identificar células CD4 infectadas.

Las células CD8 son las encargadas de eliminar células infectadas por microorganismos, ya sean virus o bacterias. Esta diferenciación entre células sanas e infectadas se lleva a cabo mediante los HLA, proteínas presentes en la superficie de las células del sistema inmunológico. Los HLA de los controladores de élite parecen ser más eficaces en la presentación de los antígenos del VIH a las células CD8, lo que facilita su reconocimiento y eliminación.

Las propias células CD8 también han sido objeto de estudio. La capacidad de estas células para secretar combinaciones de citoquinas y moléculas efectoras, denominada polifuncionalidad, es mayor en los controladores que en los progresores. Sin embargo, no se ha podido discernir si esta funcionalidad mejorada es una causa o una consecuencia de una carga viral más baja. Por otro lado, se ha observado que las células CD8 de los controladores de élite tienen una mayor polifuncionalidad. Estas células producen niveles más altos de citoquinas antivirales, como el interferón gamma (IFN-gamma), que pueden ayudar a controlar la replicación viral y a activar otras células del sistema inmunológico. También parecen tener una mayor capacidad citolítica en comparación con la de los progresores, y una capacidad generalmente aumentada para mantener una memoria a largo plazo.

A pesar de todos estos avances en la comprensión de los controladores de élite, es importante destacar que estos factores no siempre se aplican de la misma manera a todos ellos, y la heterogeneidad en esta población hace que sea difícil llegar a una conclusión definitiva sobre por qué pueden controlar el VIH.

Controladores posteriores al tratamiento (PTC)

Pocos años después de que se introdujera la TARGA como tratamiento frente al VIH, se identificó a un reducido número de personas capaces de mantener la supresión viral después de suspender dicho tratamiento. A diferencia de la mayoría de las personas con VIH, que experimentan un rebote viral dentro de las cuatro semanas posteriores a la interrupción del tratamiento antirretroviral, este grupo de personas muestra una supresión virológica sostenida durante meses o incluso años. A este conjunto de personas se le denominó controladores posteriores al tratamiento (PTC). Los PTC muestran diferencias con los controladores de élite. Por ejemplo, parece probable que los PTC no sean capaces de controlar de forma natural la replicación viral sin un tratamiento previo. La importancia del tratamiento también se puso de manifiesto en el hecho de que los pacientes tratados con TARGA en una etapa temprana parecían tener una mayor probabilidad de convertirse en PTC, en comparación con pacientes tratados con la enfermedad más avanzada. Sin embargo, el inicio temprano del tratamiento no parece ser el único factor determinante para alcanzar el estado de controladores posteriores al tratamiento. Se han descrito múltiples trabajos en los que los pacientes sufrían un rebote del VIH-1 después de dejar el tratamiento, a pesar de que habían sido tratados días después de la infección, y también se han identificado PTC que no fueron tratados hasta la infección crónica.

Comparando los mecanismos de control del virus con los controladores de élite, los PTC rara vez muestran HLA protectores; presentan mayores cargas virales, un menor número de células CD4 y una menor activación de las células CD8. Sin embargo, otros estudios mostraron que algunos pacientes albergan respuestas efectivas mediadas por células T CD8 específicas del VIH. Todos estos datos parecen indicar que los PTC son una población heterogénea en términos de inmunidad celular viral.

Recientemente, la Unidad de Inmunología Humoral del Instituto Pasteur ha publicado un estudio[7] sobre el papel de los bNAbs en el control de la infección por VIH. Este equipo ha descrito que una familia de este tipo de anticuerpos se dirige a diferentes regiones de la glicoproteína de la envoltura viral (Env), imponiendo una presión selectiva sobre el VIH-1. Aunque cepas virales pudieron escapar de la acción de estos bNAbs, siguieron siendo susceptibles a la neutralización por parte de otros anticuerpos anti-VIH-1. Esta observación sugiere la existencia de una cooperación entre las distintas poblaciones de anticuerpos neutralizantes. Estos anticuerpos particulares son el resultado de la coevolución entre el sistema inmunológico del huésped y el VIH-1. Las variantes emergentes del virus VIH-1 que son resistentes a la neutralización por los propios anticuerpos del organismo desencadenan la evolución de líneas de células B específicas que producen anticuerpos con capacidades de neutralización mejoradas. Los bNAbs creados de esta manera pueden neutralizar diferentes cepas del virus VIH-1.

Personas resistentes al VIH

Un porcentaje muy pequeño de personas parecen ser inmunes a la infección por VIH a pesar de estar expuestas al virus. Este hecho fue identificado por primera vez en 1994 cuando

---

7. Puede consultarse en https://lc.cx/hM2reB.

Stephen Crohn observó que muchas personas de su alrededor habían desarrollado sida, mientras que él seguía estando sano, a pesar de haber estado expuesto al virus durante largos periodos y practicar sexo sin protección. Al igual que en los casos anteriores, se estudiaron varios factores que pudieran explicar esta inmunidad, entre los que se incluyen los HLA protectores, las mutaciones en los receptores CCR5 y CXCR4 y otras características genéticas, así como la respuesta inmunológica que pudiera conferir resistencia al VIH.

En 1996 se descubrió que Crohn presentaba una rara mutación en el correceptor celular CCR5. Recordemos que este correceptor es vital para la entrada del virus en la célula. Las investigaciones realizadas mostraron que un porcentaje muy pequeño de población presenta esta mutación genética, conocida como CCR5-D32, que provoca que el correceptor que se desarrolla sea más pequeño de lo habitual y sea incapaz de llegar a la superficie celular, permaneciendo en el citoplasma de la célula. Dado que cada gen tiene dos alelos, esta mutación puede aparecer en solo uno de ellos o en ambos. Cuando la mutación se encuentra en ambos alelos (CCR5Δ32/Δ32), la inmunidad se considera casi completa, mientras que si se encuentra solo en uno de ellos (CCR5wt/Δ32), se observa un retardo en la evolución de la enfermedad.

Personas curadas del VIH

A pesar de todos los avances que se han producido en la lucha contra el sida, aún no se ha encontrado una cura efectiva de esta enfermedad. No obstante, a día de hoy, existen cinco personas que se pueden considerar libres del virus. El primero de ellos es Timothy Ray Brown, más conocido como "el paciente de Berlín". Timothy Brown fue diagnosticado de VIH en 1995 y empezó un tratamiento con antirretrovirales que le permitió llevar su vida casi con total normalidad. En 2006 le diagnosticaron leucemia. La quimioterapia no logró eliminar este cáncer y su médico, Gero Hütter, le recomendó realizarse un trasplante de médula ósea. En aquel momento ya se sabía que las personas con correceptores CCR5Δ32/Δ32 tenían la posibilidad de ser inmunes al VIH. Hütter mantenía la teoría de que si se realizaba el trasplante de médula de un donante con este tipo de correceptores, Timothy podría no solo recuperarse de la leucemia, sino también podría llegar a eliminar el virus de su organismo. Este procedimiento no carecía de riesgos. Antes del trasplante, Timothy tuvo que someterse a una quimioterapia intensiva para eliminar su sistema inmunitario, lo que supone un gran riesgo de contraer infecciones graves. Sin embargo, una vez completado todo el tratamiento no solo logró remitir su leucemia, sino que, además, se eliminaron las células infectadas por el virus. A partir de entonces, pudo suspender el tratamiento para el VIH sin que volviera a aparecer en su sangre o tejidos. Desafortunadamente, la leucemia reapareció años más tarde y Timothy finalmente falleció. A día de hoy, otras tres personas que también padecían leucemia y que requerían un trasplante de médula han seguido un tratamiento similar al de Timothy Brown y se consideran libres del VIH: los pacientes de Londres, de Düsseldorf y de California.

Una nueva paciente, la paciente de Nueva York, fue referida en marzo de 2023. Este caso representa una variación con los anteriores: era una mujer que se identificaba como "racialmente mixta". Esto suponía un problema, dado que para las personas de raza diversa es muy difícil encontrar un donante adulto no emparentado que sea lo suficientemente compatible. Si además se requería que el donante fuera portador de correceptores CCR5Δ32/Δ32, la probabilidad de encontrarlo se hacía prácticamente nula. Una posibilidad para lograr un trasplante compatible es utilizar células madre de cordón umbilical. A diferencia de un donante adulto, en el que se requiere una compatibilidad de casi el 100%, las células de cordón umbilical solo necesitan una compatibilidad del 50%, con lo que las posibilidades de tener un donante aumentan exponencialmente. El trasplante fue un éxito y, al igual que en los casos anteriores, consiguió poner en remisión tanto el VIH como la leucemia. Tres años después del trasplante, la paciente pudo dejar los antirretrovirales y después de más de 30 meses se mantiene libre del virus.

En 2023 se ha descrito una nueva curación: la del paciente de Ginebra, que también supuso un cambio con respecto a los anteriores. Con el fin de combatir un tipo de leucemia particularmente agresiva, el paciente de Ginebra recibió un trasplante de células madre de un donante, pero en esta ocasión el donante no presentaba la mutación CCR5Δ32/Δ32. A pesar de esto, tras recibir el trasplante pudo dejar la medicación antirretroviral y 20 meses después sigue sin mostrar señales del VIH. Este caso sugiere que el uso de células madre con la mutación CCR5Δ32/Δ32 podría no ser necesario para lograr la remisión del VIH a largo plazo. De ser así, esto facilitaría la búsqueda de donantes adecuados para los pacientes con cáncer, VIH positivos y que necesiten un trasplante. Sin embargo, es necesario un seguimiento continuo y más pruebas, ya que los trasplantes que utilizan las llamadas células madre de tipo salvaje no lograron eliminar el VIH en el pasado.

Si bien estos procedimientos se han mostrado efectivos, no son aplicables a la población general debido a lo invasivo del procedimiento y a los altos riesgos que conllevan. A pesar de ello, permiten explorar nuevas líneas de investigación para la cura de VIH.

El VIH en el mundo

Hablar sobre el sida implica reflexionar sobre su impacto en la historia, los avances científicos y médicos que han marcado su trayectoria y el futuro que nos aguarda en la lucha contra esta enfermedad. A lo largo de estas páginas hemos explorado desde los primeros casos reportados en la década de 1980 hasta las terapias de vanguardia que están transformando el panorama del tratamiento.

La historia del sida es una historia de miedo, estigma y discriminación, pero también de coraje, resiliencia y esperanza. Desde los primeros días de confusión y desconcierto hasta los avances actuales en el diagnóstico temprano y el tratamiento eficaz, hemos presenciado una trayectoria de descubrimientos científicos que han cambiado radicalmente la forma en que enfrentamos esta enfermedad.

Los logros son innegables: desde la identificación del VIH como el agente causante del sida hasta el desarrollo de terapias antirretrovirales que han transformado una sentencia de muerte en una enfermedad crónica manejable. Sin embargo, en medio de estos avances, es crucial no perder de vista la importancia de la prevención y la necesidad de no relajarnos en la lucha contra el VIH. La disponibilidad de tratamientos efectivos hace que exista el peligro de que la población perciba erróneamente al VIH/sida como una enfermedad "superada". Es vital recordar que si bien los medicamentos actuales pueden mantener a raya la infección, también conllevan importantes efectos secundarios y limitaciones en su eficacia a largo plazo. Además, la complacencia en la prevención puede conducir a nuevos casos de infección y a la aparición de cepas resistentes al tratamiento.

Mientras celebramos los avances logrados hasta ahora, es imperativo mantener un enfoque equilibrado que incluya tanto el tratamiento como la prevención. La educación continua sobre la importancia del sexo seguro, la disponibilidad de pruebas de detección y el acceso a métodos de prevención como la profilaxis preexposición (PrEP) son fundamentales para frenar la propagación del VIH.

Mirando hacia el futuro, nos enfrentamos a un horizonte lleno de promesas y desafíos. Nuevas terapias, como la terapia génica y las vacunas terapéuticas, están en desarrollo, ofreciendo la esperanza de una cura funcional o incluso una cura completa. Sin embargo, estas innovaciones solo serán significativas si van de la mano de un compromiso renovado con la prevención y la conciencia pública sobre el VIH/sida.

Uno de los mayores retos a los que aún nos enfrentamos es que, desafortunadamente, no todos los avances llegan por igual a las distintas regiones del mundo. Mientras que el denominado primer mundo está en la vanguardia de las nuevas estrategias frente al virus, en los países en vías de desarrollo aún queda mucho por hacer. A pesar de que las nuevas infecciones han ido disminuyendo con los años, la mayoría se han producido en el sur y este de África. Según los últimos informes de la ONU de 2022, se estima que en la actualidad viven 33,3 millones de personas con VIH, de las cuales un total de 22,5 millones se encuentran en el África subsahariana. En esta parte del mundo existen regiones donde el 42% de las mujeres que asisten a clínicas prenatales están infectadas por el virus.

Estas altas tasas de infección afectan directamente a los niños de diversas formas, ya sea porque alguno de sus padres está infectado o porque se han quedado huérfanos. Estos niños suelen dejar de ir a la escuela debido a los problemas económicos de sus familias.

Solo hace falta mirar los gráficos que proporciona la ONU para observar que, si bien el VIH puede considerarse una enfermedad "controlada" en el primer mundo, en África sigue siendo un problema de primer orden.

FIGURA 8

Personas que convivían con el VIH en 2022.

FUENTE: AIDSINFO, 26/09/2023.

La lucha contra el sida es una lucha continua que requiere la participación activa de todos: la colaboración de gobiernos, organizaciones internacionales, científicos, profesionales de la salud, activistas y la sociedad en su conjunto. Solo mediante un esfuerzo conjunto y coordinado podremos poner fin a esta epidemia y garantizar un mundo libre de sida para las generaciones futuras.

Figura 9

Tendencia de nuevas infecciones por VIH.

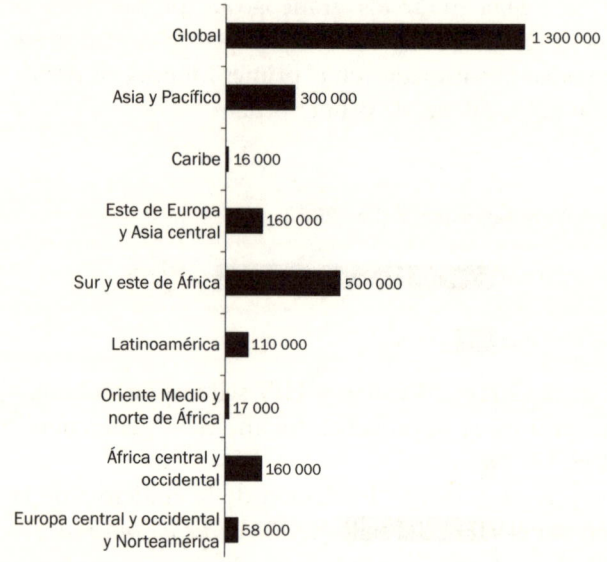

Fuente: AIDSinfo, 26/09/2023.

Bibliografía

BACON, A. *et al.* (2023): "Review of HIV self testing technologies and promising approaches for the next generation", *Biosensors*, 13, 298.

CASABONA, J. *et al.* (2001): "Evolución de la epidemia de la infección por el VIH en el siglo XXI", *Medicina Integral*, 37, 419-427.

DELGADO, R. (2011): "Características virológicas del VIH", *Enfermedades infecciosas y Microbiología Clínica*, 29, 58-65.

DE CLERCQ, E. y col. (2022): "Approved HIV reverse transcriptase inhibitors in the past decade", *Acta Pharmaceutica Sinica B*, 12(4), 1567-1590.

DU TOIT, A (2023): "PrEPping the skin", *Nature Reviews Microbiology*, 21, 551.

FEINBERG, J. *et al.* (2022): "Prevention and initial management of HIV infection", *Annals of Internal Medicine*, 175, 81-96.

GALLO, R. C. (2002): "The Early Years of HIV/AIDS", *Science*, 298, 1728-1730.

GEBARA, N. Y. *et al.* (2019): "HIV-1 elite controllers: an immunovirological review and clinical perspectives", *Journal of Virus Eradication*, 5, 163-166.

GUPTA, S. *et al.* (2022): "Update on treatments as prevention of HIV illness, death, and transmission: Sub-Saharian Africa HIV financing and progress towards the 95-95-95 target", *Current Opinion in HIV and AIDS*, 17, 368-373.

KLEINPETER, A. *et al.* (2020): "HIV-1 Maturation: Lessons Learned from Inhibitors", *Viruses*, 12, 940.

LANDOVITZ, R. J. *et al.* (2023): "Prevention, treatment and cure of HIV infection", *Nature Reviews Microbiology*, 21, 637-670.

LEE, N. E. *et al.* (2023): "Lenacapavir and the novel HIV'1 capsid inhibitors: An emerging therapy in the management of multidrug-resistant HIV virus", *Current Opinion in Infectious Diseases*, 36, 15-19.

NASTRI, B. M. *et al.* (2023): "HIV and Drug-Resistant Subtypes", *Microorganisms*, 11, 221.

PEDRO, K. D. *et al.* (2019): "Mechanisms of HIV-1 cell-to-cell transmission and the establishment of the latent reservoir", *Virus Research*, 265, 115-121.

SCHNEIDER, W. H. (ed.) (2021): *The Histories of HIVs: The Emergence of the Multiple Viruses That Caused the AIDS Epidemics*, Ohio University Press.

SHARP, P. M. *et al.* (2011): "Origins of HIV and the AIDS pandemic", *Perspective in Medicine*, 1:a006841.

WOLDEMESKEL, B. A. *et al.* (2020): "Viral reservoirs in elite controllers of HIV-1 infection: Implications for HIV cure strategies", *EBioMedicine*, 62, 103118.

Fuentes electrónicas

Base de datos sobre resistencias a los medicamentos frente al VIH: https://hivdb.stanford.edu/.

Datos mundiales sobre epidemiología y respuesta al VIH: https://aidsinfo.unaids.org/.

Directrices sobre prevención, pruebas, tratamiento, prestación de servicios y seguimiento del VIH (OMS): https://lc.cx/Pj6Ukr.

Directrices sobre prevención, pruebas, tratamiento, prestación de servicios y seguimiento del VIH (Gesida): https://gesida-seimc.org/.

Informe mundial sobre el SIDA 2022 (ONUSIDA): https://lc.cx/9MLKIu.

Títulos de la colección
¿Qué sabemos de?